ゼロからはじめる

【ライン】

LINE

基本 & 便利技

［改訂新版］

リンクアップ 著

JN028535

技術評論社

⊗ CONTENTS

Chapter 1
LINEを始めよう

Chapter 2
トークや通話を楽しもう

Chapter 3
もっと友だちを追加しよう

Chapter 4
スタンプを入手しよう

Chapter 5
トークをもっと楽しもう

🔵 CONTENTS

Chapter 6
グループを活用しよう

Chapter 7
LINEをもっと使いこなそう

Chapter 8
LINEを安心・安全に使おう

Chapter 9
LINEの気になるQ&A

ご注意：ご購入・ご利用の前に必ずお読みください

●本書に記載した内容は、情報の提供のみを目的としています。したがって、本書を用いた運用は、必ずお客様自身の責任と判断によって行ってください。これらの情報の運用の結果について、技術評論社および著者、アプリの開発者はいかなる責任も負いません。

●ソフトウェアに関する記述は、特に断りのない限り、2024年3月現在での最新バージョンをもとにしています。ソフトウェアはバージョンアップされる場合があり、本書での説明とは機能内容や画面図などが異なってしまうこともあり得ます。あらかじめご了承ください。

●本書は以下の環境で動作を確認しています。ご利用時には、一部内容が異なることがあります。また、OSのバージョンが同じでも、スマートフォンの機種によって画面が異なる場合があります。あらかじめご了承ください。
LINEバージョン：14.3.2
パソコンのOS：Windows 11
iPhoneのOS：iOS 17.4
AndroidのOS：Android 13

●インターネットの情報については、URLや画面などが変更されている可能性があります。ご注意ください。

以上の注意事項をご承諾いただいたうえで、本書をご利用願います。これらの注意事項をお読みいただかずに、お問い合わせいただいても、技術評論社は対処しかねます。あらかじめ、ご承知おきください。

■本書に掲載した会社名、プログラム名、システム名などは、米国およびその他の国における登録商標または商標です。本文中では、™、®マークは明記していません。

第**1**章

LINEを始めよう

LINEとは?

LINEは、スマートフォンやタブレットなどの端末で、無料でメッセージのやり取りや通話ができるコミュニケーションアプリです。ここでは、LINEの特徴や始める前の疑問点などを見ていきましょう。

LINEでできること

LINEでは、「トーク」と「音声通話」を使って、友だちとコミュニケーションを行うことができます。トークでは、文章や写真、動画などでやり取りできるほか、最大の特徴でもある「スタンプ」という大きなイラストを使うことで、言葉だけでは伝わりづらい感情や気持ちをわかりやすく表現することが可能です。

音声通話では、電話のように友だちと通話でき、相手の顔を見ながら話せるビデオ通話もできます。さらに、複数人でトークできる「グループトーク」や、ビデオ会議ができる「ミーティング」といった機能も利用することが可能です。

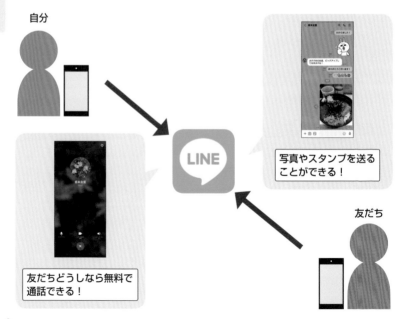

自分

写真やスタンプを送ることができる!

友だち

友だちどうしなら無料で通話できる!

📃 LINEを始める前のよくある疑問

ここでは、LINEを始める前のよくある疑問点を例に挙げ、あらかじめ知っておきたい内容を紹介します。内容を把握したうえで、LINEを始められるようにしましょう。

●本当に無料で使えるの?

ほとんどの機能が無料で使えます。

LINEのトークや音声通話は、無料で利用することができます(データ通信料は別途必要です)。有料のサービスもありますが、有料の機能を利用する場合は必ず確認画面が表示されるので、知らずに利用してお金が請求されるということはありません。無料の機能だけで十分にLINEを楽しむことができます。

●本名を登録しなくても使えるの?

本名でなくても使えます。

LINEのアカウント登録時に名前を入力しますが、本名でなくても登録することができます。あまりわかりにくい名前だと、相手が自分のことをわからなくなってしまう可能性もあるので、相手がわかるような名前で登録しましょう(Sec.03、Sec.06参照)。なお、アカウントは電話番号1つにつき1つしか作成できません。

●自分がLINEを始めたことを親しい人以外に知られたくない!

友だちの自動追加機能を使わなければ大丈夫です。

LINEでは、アドレス帳に登録されている電話番号をもとに自動的に友だちを追加する機能があるため、あまり親しくない人まで友だちに追加されてしまうことがあります。本書では、友だちの自動追加機能は使わず、必要な人だけを1人ずつ登録する方法で解説しているので安心です(Sec.03、Sec.09、Sec.91参照)。

●知らない人からメッセージが届くことはあるの?

届かないように設定することができます。

LINE上での知らない人からのメッセージは、詐欺やアカウント乗っ取りの可能性があります。不審なメッセージに対しては、通報したり相手をブロックしたりすることができますが(Sec.93、Sec.96参照)、あらかじめ知らない人からメッセージが届かないように設定することもできます(Sec.94参照)。

02

LINEを インストールしよう

LINEを始めるには、まず「LINE」アプリを端末にインストールする必要があります。Androidスマートフォンでは「Play ストア」アプリから、iPhoneでは「App Store」アプリからインストールすることができます。

💬 AndroidスマートフォンにLINEをインストールする

(1) ホーム画面やアプリ一覧画面で [Play ストア] をタップします。

(2) 「Play ストア」が表示されるので、画面上部の検索欄をタップします。

(3) 「LINE」と入力し、🔍 をタップします。

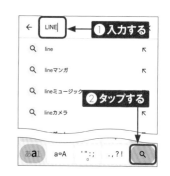

(4) [LINE] をタップします。

⑤ [インストール] をタップします。

⑥ インストールが始まります。

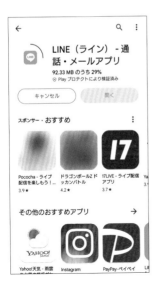

⑦ インストールが完了すると「開く」が表示されます。

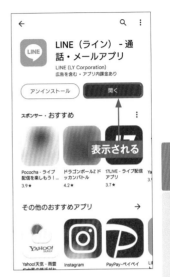

⑧ アプリ一覧画面を表示すると、「LINE」のアイコンが追加されます。

💬 iPhoneにLINEをインストールする

① ホーム画面で[App Store]をタップします。

② 「App Store」が表示されるので、[検索]をタップします。

③ 画面上部の検索欄をタップします。

④ 「LINE」と入力し、[search]もしくは[検索]をタップします。

⑤ [入手] → [インストール]の順にタップします。

Memo Apple IDが設定されている場合

すでにApple IDが設定されている場合は、手順⑤のあとに「Apple IDでサインイン」画面が表示されることがあります。Apple IDのパスワードを入力し、[サインイン]をタップして、「LINE」アプリをインストールしましょう。また、指紋認証や顔認証が設定されている場合は、画面の指示に従って認証を行います。

(6) Apple IDとパスワードを入力し、[サインイン]をタップします。

❷ タップする ──→ サインイン

購入を完了するには
サインインします

@icloud.com

パスワードをお忘れですか？

❶ 入力する

(7) [インストール]をタップします。

App Store ×

LINE [12+]
LINE Corporation タップする
アプリ内課金があり…

アカウント: @icloud.com

インストール

(8) パスワードを入力し、[サインイン]をタップすると、インストールが始まります。

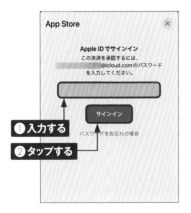

App Store ×

Apple IDでサインイン
この決済を承認するには、
@icloud.comのパスワード
を入力してください。

サインイン

パスワードをお忘れの場合

❶ 入力する

❷ タップする

(9) パスワードの入力についての画面が表示される場合は[常に要求]もしくは[15分後に要求]をタップするとインストールが始まります。

このデバイス上で追加の購入を行うときにパスワードの入力を要求しますか？
これは「メディアと購入」の設定からいつでも変更できます。

常に要求 | 15分後に要求

LINE WORKS - ビジネス… 入手
会社やチームの情報共有に、現場…
★★★★★7.8万 ① WORKS… タップする

(10) インストールが完了すると、ホーム画面に「LINE」のアイコンが表示されます。

表示される

Memo 本書で解説する画面について

「LINE」はAndroidスマートフォンとiPhoneの両方で利用することができますが、一部の機能や操作方法が異なる場合があります。本書では、主にAndroidスマートフォンの画面で解説を行い、iPhoneでの操作方法が異なる場合は補足を加えています。

LINEのアカウントを
登録しよう

LINEを利用するには、アカウントを登録する必要があります。ここでは、スマートフォンの電話番号を使ってアカウントを作成する方法を解説します。なお、本書では友だちの自動追加機能はオフにしています。

💬 LINEのアカウントを登録する

(1) アプリ画面一覧（iPhoneの場合はホーム画面）で［LINE］をタップします。

(2) ［新規登録］をタップします。

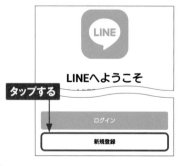

(3) 許可を求められたら、［次へ］→［許可］の順にタップします。

(4) 電話番号を入力し、●をタップします。電話番号が自動で入力される場合もあります。

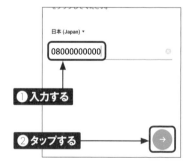

(5) [OK]（iPhoneの場合は[送信]）をタップすると、SMSで認証番号が届き、自動入力されて次の画面が表示されます。認証番号が自動入力されない場合は手動で入力します。

(6) [アカウントを新規作成] をタップします。

Memo 「おかえりなさい」画面が表示された場合

手順⑤の操作のあとに「おかえりなさい、○○!」画面が表示される場合があります（Sec.105、Sec.106参照）。機種変更などでLINEのアカウントを引き継ぐ際は [はい、私のアカウントです] を、アカウントを新規に登録する場合は [いいえ、違います] をタップします。

(7) LINEで使用する名前（本名でなくても可）を入力し、●をタップします。

(8) LINEで使用するパスワードを2回入力し、●をタップします。

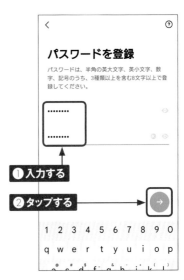

⑨ 本書では友だちの自動追加や友だちへの追加をオフにしている前提で解説するので、◎を2箇所タップしてチェックを外し、◎をタップします。

友だち追加設定

以下の設定をオンにすると、LINEは友だち追加のためにあなたの電話番号や端末の連絡先を利用します。
詳細を確認するには各設定をタップしてください。

友だち自動追加

友だちへの追加を許可

❶ タップする

❷ タップする

⑩ 「年齢確認」画面では[あとで]をタップします。

年齢確認

より安心できる利用環境を提供するため、年齢確認を行ってください。

au auをご契約の方

LINEモバイルをご契約の方

または

その他の事業者をご契約の方

あとで

タップする

⑪ 「サービス向上のための情報利用に関するお願い」画面で[同意する]をタップします。

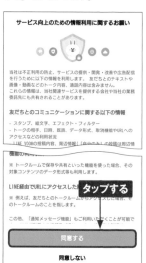

サービス向上のための情報利用に関するお願い

当社は不正利用の防止、サービスの提供・開発・改善や広告配信を行うために以下の情報を利用します。友だちとのテキストや画像・動画などのトーク内容、通話内容は含みません。
これらの情報は、当社関連サービスを提供する会社や当社の業務委託先にも共有されることがあります。

友だちとのコミュニケーションに関する以下の情報

- スタンプ、絵文字、エフェクト・フィルター
- トーク相手、日時、既読、データ形式、取消機能やURLへのアクセス状況

※ トークルームで保存や共有といった機能を使った場合、その対象コンテンツのデータ形式等も利用します。

LINE経由でURLにアクセスした **タップする**

この他、「通知メッセージ機能」もご利用いた…

同意する

同意しない

⑫ [OK]をタップします。

最適な情報・サービスを提供するために位置情報などの活用を推進します

あなたの安全を守るための情報や、生活に役立つ情報を、位置情報（端末の位置情報やLINE Beaconなどの情報）に基づいて提供するための取り組みを推進します。同意していただくことで、例えば、大規模災害時の緊急速報等の重要なお知らせや、今いるエリアの天候の変化、近くのお店で使えるクーポンなどをお届けできるようにしていきたいと考えております。

取得する情報とその取扱いについて

■本項目に同意しなくとも、LINEアプリは引き続きご利用可能です。
■LINEによる端末の位置情報の取得停止や、取得された位置情報の削除、LINE Beaconの利用停止とは、[設定]>[プライバシー管理]>[情報の提供]からいつでも行えます。

＜端末の位置情報＞

LINEは上記サービスを提供するため、LINEアプリが画面に表示されている際に、ご利用の端末の位置情報と移動速度を取得することがあります。取得した情報はプライバシーポリシーに従って取り扱います。詳細はこちらをご確認ください。

＜LINE Beacon＞

お店などに設置されたビーコン端末の信号を利用して、ご利用の端末に情報やサービスを提供することがあります。その際、LINEは不正利用の防止やサービスの提供・開発・改善のために、ビーコン接続情報（通信 **タップする** 強度・通信継続時間・通信日時・LI…

◎ 上記の位置情報の利用に同意する（任意）
◎ LINE Beaconの利用に同意する（任意）

OK

16

(13) 位置情報の使用を求める画面が表示される場合は [アプリの使用時のみ] もしくは [今回のみ]（iPhoneの場合は [1度だけ許可] もしくは [アプリの使用中は許可]）をタップします。付近のデバイスの検出やBluetoothの使用許可画面などが表示されるので必要に応じて許可し、画面の指示に従って操作します。

(14) 「バッテリー使用量の設定を制限なしに変更しますか?」画面が表示される場合は、[変更する] → [許可] の順にタップします。

(15) 「友だちを連絡先に追加」画面が表示される場合は、[キャンセル] をタップします。

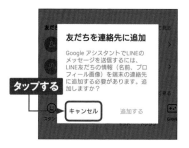

(16) 「メッセージ受信などの通知を受け取ろう!」画面が表示されるので [設定に移動] をタップし、[許可] をタップします。

(17) アカウント登録が完了し、「ホーム」タブが表示されます。

LINEを起動／終了しよう

「LINE」アプリは、アプリ一覧画面やホーム画面でLINEのアイコンをタップする
だけで起動できます。ホームキーをタップすると、アプリ画面が閉じ、ホーム画面
に戻ります。

LINEを起動する

(1) アプリ一覧画面やホーム画面で
[LINE] をタップします。

(2) 「LINE」アプリが起動します。

Memo iPhoneでLINEを起動する

iPhoneでもAndroidスマートフォンと同様にホーム画面で [LINE] をタップす
ると、LINEが起動します。

18

🗨 LINEを終了する

① Androidスマートフォンのホーム
キーをタップします（画面下部に
ホームキーがない場合は、画面
下部を上方向にスワイプします）。

② アプリの画面が閉じ、ホーム画面
が表示されます。

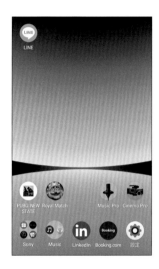

Memo iPhoneでLINEを終了する

iPhoneの場合は、画面下部を上方向にスワイプすると、アプリの画面が閉じ、
ホーム画面が表示されます。ホームボタンがある機種では、ホームボタンを押し
ます。

05 LINEの画面の見方を覚えよう

LINEは、タブを切り替えることで「ホーム」「トーク」「VOOM」「ニュース」「ウォレット」などの画面を表示し、メニューやアイコンをタップして操作します。ここでは、各画面の見方や画面の切り替え方法を紹介します。

「ホーム」タブの見方

❶	自分のアイコンと名前、ステータスメッセージが表示されます。
❷	「Keep」画面が表示されます。
❸	「お知らせ」画面が表示されます。
❹	「友だち追加」画面が表示されます。
❺	「設定」画面が表示されます。
❻	友だちのQRコードやLINE PayのQRコードのスキャン、文字認識（翻訳）機能が利用できます。
❼	友だちの一覧が表示されます。
❽	グループの一覧が表示されます
❾	LINEが提供するさまざまなサービスを利用できます。
❿	タップするとそれぞれのタブが表示されます（P.22 〜 23参照）。

画面を切り替える／もとの画面に戻る

1 P.18を参考に「LINE」アプリを起動し、[ウォレット] をタップします。

2 「ウォレット」タブに切り替わります。[ホーム] をタップします。

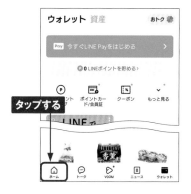

3 「ホーム」タブに切り替わります。⚙をタップします。

4 「設定」画面が表示されます。<（iPhoneの場合は画面右上の×）をタップします。

5 1つ前の画面（ここでは「ホーム」タブ）に戻ります。

🗨 LINEの各種タブの見方

● 「トーク」タブ

「トーク」タブでは、友だちやグループのトークルームが一覧で表示されます。トークルームをタップすると、友だちとトークや通話を楽しめます。

❶	トークルームで作成されたアルバムがすべて表示されます。
❷	「オープンチャット」が利用できます。
❸	「トークルームを作成」画面が表示されます。
❹	トークリストを編集するメニューが表示されます（Androidスマートフォンのみ。iPhoneの場合は、☰および画面左上の［トーク］をタップします）。
❺	「LINE」アプリ内を検索できます。
❻	「QRコードスキャン」画面が表示されます。
❼	トークの一覧が表示されます。

● 「VOOM」タブ

「VOOM」タブでは、ショート動画の投稿や視聴ができます。おすすめ動画を見たり、お気に入りのアカウントをフォローしたりしてコンテンツを楽しみましょう。

❶	「おすすめ」タブでは、フォローしていないユーザーの動画が表示されます。
❷	「フォロー中」タブでは、フォローしたユーザーの動画が表示されます。
❸	ショート動画を撮影して投稿できます。
❹	「LINE VOOM」画面が表示されます。自分の公式アカウントなどを確認できます。
❺	動画にリアクションできます。
❻	動画にコメントできます。

● 「ニュース」タブ

「ニュース」タブでは、最新のニュースがジャンルごとにリアルタイムで表示されます。

❶	配信されるニュースの各種設定が行えます。
❷	Yahoo!検索が行えます。
❸	話題のニュースがリアルタイムで表示されます。

● 「ウォレット」タブ

「ウォレット」タブでは、LINE PayやLINEクーポンなどお金に関するLINEの各種サービスを利用できます。

❶	「資産」タブでは、LINE PayやLINEポイントなどの資産情報のほか、利用中のサービスを確認できます。
❷	「LINE Pay」を利用できます。
❸	「LINEポイントクラブ」画面が表示されます。LINEポイントを確認したり、貯めたりできます。
❹	お金やLINEポイントに関する各種サービスを利用できます。

名前やステータスメッセージを変更しよう

LINEで使用する名前は友だちからわかりやすいものにするとよいでしょう。ステータスメッセージには、自分の近況などを自由に入力できます。ほかのLINEユーザーからも閲覧できるため、見られても問題のない内容にしましょう。

名前を変更する

① [ホーム]をタップし、⚙をタップします。

② [プロフィール]をタップします。

③ [名前]をタップします。

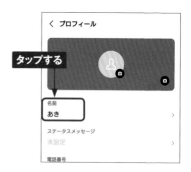

④ 変更したい名前を入力し、[保存]をタップします。

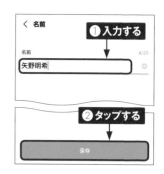

ステータスメッセージを設定する

(1) P.24手順③の画面で［ステータスメッセージ］をタップします。

(2) ステータスメッセージを入力し、［保存］をタップします。

(3) 「プロフィール」画面に戻り、ステータスメッセージが設定されたことが確認できます。

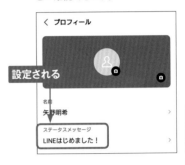

(4) 「ホーム」タブのプロフィールに表示されます。

Memo ステータスメッセージの表示

設定したステータスメッセージは、友だち側では「友だちリスト」（Sec.30参照）に表示されます。

プロフィールアイコンや背景画像を設定しよう

LINEを始めたら、プロフィールアイコンや背景画像を設定しましょう。プロフィールアイコンは、友だちがあなたのアカウントを見つけやすくするための目印になります。背景画像は、自分のプロフィール画面に表示されます。

📱 プロフィールアイコンを設定する

(1) P.24手順③の画面でプロフィールアイコン→[写真または動画を選択]の順にタップします。

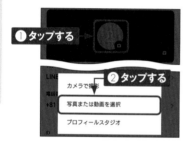

(2) 許可を求められた場合は[許可]をタップします。プロフィールアイコンにしたい写真をタップし、四隅をドラッグ（iPhoneでは画像をピンチ）して画像の表示範囲を調整し[次へ]をタップします。

(3) 画像を好きなように編集し、[完了]をタップします。

(4) 「プロフィール」画面に戻り、プロフィールアイコンが設定されたことが確認できます。

背景画像を設定する

1 P.24手順③の画面で背景→[写真または動画を選択]の順にタップします。

● タップする
② タップする

カメラで撮影
写真または動画を選択
ミュージックビデオを選択

3 画像を好きなように編集し、[完了]をタップします。

タップする

□ ストーリーに投稿 | 完了

2 背景画像にしたい写真をタップし、写真をドラッグして画像の表示範囲を調整し、[次へ]をタップします。

● ドラッグする
② タップする   次へ

4 「プロフィール」画面に戻り、背景画像が設定されたことが確認できます。

設定される

名前
矢野明希

ステータスメッセージ
LINEはじめました！

電話番号
+81 80-0000-0000

ID
未設定

IDによる友だち追加を許可
他のユーザーがあなたのIDを検索して友だち追加することができます。

メールアドレスを登録しよう

LINEにメールアドレスを登録しておくと、アカウントの引き継ぎや再開（Sec.105、Sec.106参照）などの、本人確認の際に役立ちます。メールアドレスの登録や変更はいつでも行うことが可能です。

💬 メールアドレスを登録する

(1) 「ホーム」タブで⚙→［アカウント］の順にタップします。

LINEとYahoo! JAPANのアカウント連携や連携解除、プロフィール情報の管理などが行えます

タップする

個人情報

📧 アカウント　　　　　　　　　　　>

🔒 プライバシー管理　　　　　　　　>

(2) ［メールアドレス］をタップします。

< アカウント

基本情報　　　　**タップする**

電話番号　　　　　　　+81 80-0000-0000 >

メールアドレス　　　　　　　　　未登録 >

(3) メールアドレスを入力し、［次へ］をタップします。

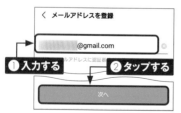

@gmail.com

❶入力する　　　　　　❷タップする

次へ

(4) 手順③で入力したメールアドレスに届いた認証番号を入力します。

< メール認証

@gmail.comに送信された認証番号を入力してください。

入力する

(5) メールアドレスの登録が完了すると、「メールアドレスが登録されました。」というメッセージが届きます。

LINE・現在 ⭐
メールアドレスが登録され…

通知をオフ　返信

メールアドレス　　　　　　　　　登録

パスワード　　　　　　　　　　登録完了
アカウントを引き継
ドレスが登録されて　**メッセージが届く**

生体情報　　　　　　　　　　　連携する

🍎 Apple　　　　　　　　　　　連携する

第**2**章

トークや通話を楽しもう

友だちを電話番号で追加しよう

LINEでは、スマートフォンの電話番号を利用して友だちを検索することができます。電話番号を使用した検索は年齢確認が求められるので、あらかじめ年齢確認を行ってから検索をしましょう。そのほかの友だち追加方法は、第3章を参照してください。

💬 電話番号で友だちを検索して追加する

(1) ［ホーム］をタップし、👥をタップします。

(2) ［検索］をタップします。

(3) ［電話番号］をタップします。

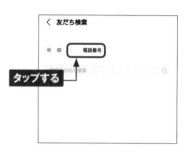

Memo 検索しても友だちが表示されない場合

P.31手順④のあとに、「該当するユーザーが見つかりませんでした。」と表示される場合は、電話番号が間違っていないか確認しましょう。また、相手が電話番号での友だち追加を許可していない可能性があります（Sec.91参照）。その場合は、Sec.25やSec.29の方法で友だちを追加しましょう。

④ 追加したい友だちの電話番号を入力し、Qをタップします。年齢認証を行っていない場合は、認証を促す画面が表示されるので、画面の指示に従って認証を行います。

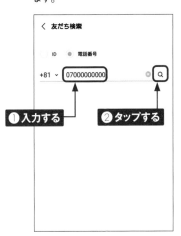

❶入力する **❷タップする**

⑥ 新しく友だちが追加されます。[トーク]をタップすると、トークルームが作成され、トーク画面が表示されます。

タップする

⑤ 検索結果が表示されるので、名前とアイコン画像を確認し、[追加]をタップします。

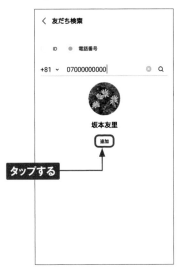

タップする

Memo 電話番号検索には年齢確認が必要

電話番号やID（Sec.28参照）で友だちの検索を行うには、年齢確認が必要です。あらかじめ年齢確認を行うには、P.30手順①の画面で⚙をタップし、[年齢確認]→[年齢確認結果]の順にタップします。「年齢確認」画面が表示されるので、[○○をご契約の方]をタップして、画面の指示に従って認証を行います。

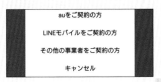

10

トークルームを
作成しよう

友だちにメッセージを送るには、まず「トークルーム」を作成する必要があります。
なお、先に友だちからメッセージが届いた場合は、すでにトークルームが作成されて
いるため、ここでの操作は不要です。

🗨 トークルームを作成する

(1) [ホーム] をタップし、[友だち]
をタップします。

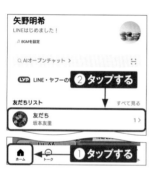

(2) トークしたい友だちをタップします。

(3) [トーク] をタップします。

(4) トークルームが作成されます。以
降は、「トーク」タブからトークルー
ムをタップすることで、この画面
が表示されます。

11

友だちにメッセージを送信しよう

LINEでは、「トーク」という機能を利用して、友だちとメッセージのやり取りができます。テキストだけでなく絵文字やデコ文字を送ることも可能です（Sec.17参照）。リアルタイムでメッセージを送受信できるので、チャット感覚で楽しめます。

メッセージを送信する

(1) [トーク] をタップします。

(2) 「トーク」タブが表示されます。メッセージを送りたい友だちのトークルームをタップします。

(3) トークルームが表示されるので、メッセージの入力欄をタップしてメッセージの内容を入力し、▶をタップします。

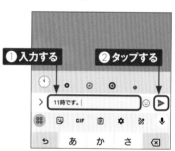

(4) メッセージが送信されます。相手がメッセージを読むと、「既読」と表示されます。

第2章　トークや通話を楽しもう

友だちからのメッセージを確認しよう

友だちからメッセージを受信したら、内容を確認してみましょう。自分からのメッセージは画面右に緑色で、相手からのメッセージは画面左に白色で届いた順に上から表示されます。

友だちからのメッセージを確認して返信する

1 友だちからメッセージを受信すると通知が表示されるので、[トーク]をタップします。

2 通知が表示されているトークルームをタップします。

3 トークルームが表示され、メッセージを確認できます。

4 メッセージの入力欄をタップしてメッセージの内容を入力し、▶をタップすると、メッセージに返信できます。

友だちからのメッセージにリアクションしよう

LINEでは、友だちのメッセージや画像などに、感情表現を表す絵文字のアイコンでリアクションすることができます。メッセージに返信する時間がないときや、わざわざメッセージを送信する必要がないときなどに利用すると便利です。

メッセージにリアクションする

(1) Sec.12を参考に、受信したメッセージを表示します。

(2) リアクションしたいメッセージを長押しすると、6種類のアイコンが表示されます。

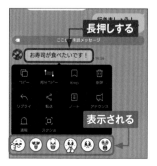

(3) リアクションしたいアイコンをタップします。

(4) メッセージにリアクションが表示されます。なお、リアクションしたことは相手に通知されません。

第2章 トークや通話を楽しもう

35

スリープ時に届いた メッセージを確認しよう

AndroidスマートフォンやiPhoneのスリープ時にメッセージが届いた場合でも、ロック画面からメッセージを確認したり、トークルームを表示させたりすることができます。ロック画面にメッセージ内容を表示したくないときはSec.100を参照してください。

💬 Androidスマートフォンでメッセージを確認する

① スリープ時にメッセージを受信すると、通知が表示されます。通知をタップします。

② LINEのトークルームが表示されます。

💬 iPhoneでメッセージを確認する

① スリープ時にメッセージを受信すると、通知が表示されます。通知を右方向にスワイプし、[開く]をタップします。

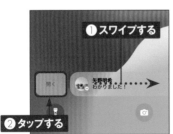

② LINEのトークルームが表示されます。

15

スタンプや絵文字を使う準備をしよう

LINEには、あらかじめ用意されているスタンプと絵文字があります。利用するには、ダウンロードが必要です。ダウンロードしていない場合、トークルームでスタンプを選択できません。ここでは、スタンプや絵文字のダウンロード方法を紹介します。

スタンプをダウンロードする

1 [ホーム] をタップし、⚙ をタップします。

2 [スタンプ] → [マイスタンプ] の順にタップします。

3 [すべてダウンロード] をタップします。

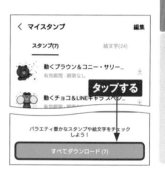

Memo 絵文字をダウンロードする

手順③の画面で [絵文字] をタップし、[すべてダウンロード]をタップすると、スタンプと同様に絵文字もダウンロードできます。

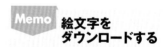

スタンプを送信しよう

ダウンロードしたスタンプは、トークルームから送信できます。スタンプを利用すると、メッセージのやり取りを、さらに楽しむことができます。スタンプを活用して、トークの場を盛り上げましょう。

💬 スタンプを送信する

① Sec.10を参考に友だちのトークルームを表示し、☺をタップします。

③ 拡大されたスタンプ、もしくは▶をタップします。

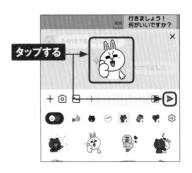

② 絵文字が表示されている場合は😀をタップしてスタンプに切り替えます。スタンプの種類をタップして選択し、送信したいスタンプをタップします。

④ スタンプが送信されます。

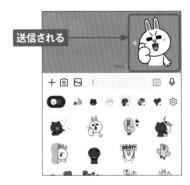

17 絵文字やデコ文字を送信しよう

LINEでは、絵文字やデコ文字を送ることができます。テキストと組み合わせて入力することができ、カラフルな文字を入力することが可能です。また、サジェスト機能を活用し、すばやく入力することもできます。

絵文字やデコ文字を入力して送信する

(1) Sec.10を参考に友だちのトークルームを表示し、😊をタップします。

(2) スタンプが表示される場合は⚫をタップして絵文字に切り替えます。任意の絵文字の種類をタップして、入力したい絵文字をタップします。

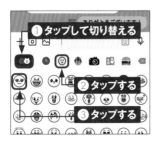

(3) 絵文字アイコンを左方向にスワイプし、「A」や「あ」のアイコンをタップすると、デコ文字が表示されます。入力が終了したら、▶をタップして送信します。

Memo サジェスト機能

テキストを入力すると、その内容に合わせた絵文字・デコ文字・スタンプが表示されるので、タップすることですぐに入力できます。

写真を送信しよう

LINEは、文字やスタンプ以外にも、スマートフォンで撮影／保存した写真を送信することができます。送信した写真はトークルームに表示されるので、閲覧もかんたんです。ここでは、写真の送信方法を紹介します。

💬 写真を送信する

（1）Sec.10を参考に友だちのトークルームを表示し、🖼をタップします。🖼が表示されていない場合は、＞をタップすると表示されます。

（2）送信したい写真右上の丸印をタップし、▶をタップします。

（3）写真が送信されます。写真をタップすると大きく表示されます。

Memo　その場で撮影して送信する

手順①の画面で、📷をタップすると、その場で写真や動画を撮影できます。撮影すると▶が表示されるので、タップして送信しましょう。

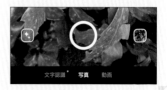

動画を送信しよう

写真と同様の方法で動画も送信できます。送信した動画はトークルームに表示され、自動再生されます。なお、送信できる動画は最長5分までで、それ以上の長さの動画は途中でカットされるので注意してください。

💬 動画を送信する

① P.40手順①の画面で🖼をタップします。🖼が表示されていない場合は、＞をタップすると表示されます。

③ ▶をタップします。

② 動画はサムネイルの右下に再生時間が表示されています。送信したい動画右上の丸印をタップします。

④ 動画が送信されます。動画をタップすると大きく表示されます。

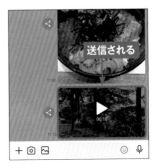

送られてきた写真や動画を保存しよう

友だちから送られてきた写真や動画は、一定の保存期間を過ぎてしまうと閲覧できなくなってしまいます。お気に入りの写真や動画はスマートフォン内に保存しておきましょう。写真や動画はまとめて保存することも可能です。

写真や動画を保存する

① 受信側のスマートフォンで、送信された写真や動画をタップします。

② 写真や動画が大きく表示されます。 （iPhoneの場合は ） をタップします。

③ 写真や動画がスマートフォンに保存されます。

Memo　写真の保存期間

LINE上でやり取りした写真は、一定の保存期間を過ぎると閲覧や保存ができなくなります。大切な写真を残しておきたい場合は、上記の方法で早めにスマートフォン内に保存するか、アルバム（Sec.21参照）を利用するか、Keep（Sec.51参照）に保存しておきましょう。アルバムやKeepには、保存期間の制限はありません。

写真や動画をまとめて保存する

1 受信側のスマートフォンで ≡ をタップします。

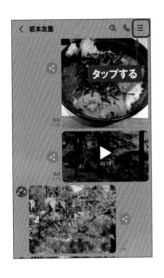

2 [写真・動画] をタップします。

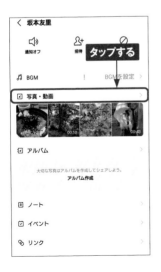

3 友だちとやり取りした写真や動画が一覧で表示されます。[選択] をタップします。

4 保存したい写真や動画の右上の丸印をタップして選択し、↓（iPhoneの場合は↓）をタップします。

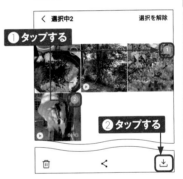

5 写真や動画がまとめてスマートフォンに保存されます。

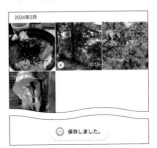

21

アルバムを作って写真を共有しよう

「アルバム」機能を利用すれば、複数の写真をアルバムにまとめて保存して、友だちや家族と共有することができます。なお、動画はアルバムに保存できませんが、LYPプレミアム（Sec.78参照）に加入すれば保存できるようになります。

アルバムを作成する

第2章　トークや通話を楽しもう

(1) Sec.10を参考に友だちのトークルームを表示し、≡→ [アルバム] の順にタップします。

(2) [アルバムを作成] もしくは ● をタップします。

(3) アルバムにしたい写真の右上の丸印をタップし、[次へ] をタップします。

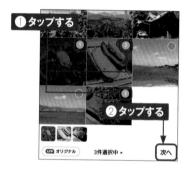

(4) アルバム名を入力し、[作成] をタップすると、アルバムが作成されます。

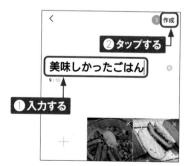

44

📧 アルバムを閲覧する

① P.44手順①の画面で、［アルバム］をタップします。

② アルバム名をタップします。

③ アルバム内の写真を閲覧できます。閲覧したい写真をタップすると大きく表示されます。

Memo アルバムに写真を追加／保存する

アルバムに写真を追加したい場合は手順③の画面で➕をタップし、追加したい写真の右上の丸印→［次へ］→［追加］の順にタップします。また、アルバムの写真を保存したいときは手順③で写真を大きく表示し、⬇（iPhoneの場合は⬇）をタップします。なお、手順②の画面で…もしくは手順③の画面で⋮→［アルバムをダウンロード］の順にタップするとアルバムの写真をまとめて保存することも可能です。

友だちと 無料で通話しよう

LINEでは、友だちと無料で音声通話をすることができます。また、相手の顔を見ながら通話できるビデオ通話も無料で利用可能です。ここでは、音声通話とビデオ通話の発信方法を解説します（どちらもデータ通信料は必要です）。

音声通話を発信する

1 [ホーム]をタップし、[友だち]をタップします。

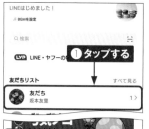

2 通話したい友だちをタップします。

3 [音声通話]→[開始]の順にタップします。

4 通話が発信されます。相手が応答すると、音声通話が始まります。音声通話を終了する場合は、■ をタップします。

ビデオ通話を発信する

1 P.46手順③の画面で［ビデオ通話］→［開始］の順にタップします。

坂本友 **タップする**

2 相手を呼び出しています。

Memo トークルームから発信する

Sec.10を参考に友だちのトークルームを表示し、📞→［音声通話］もしくは［ビデオ通話］の順にタップすることでも音声通話やビデオ通話を発信することができます。

‹ 坂本友里　　　　Q ℃ ≡

音声通話　　　ビデオ通話

3 相手がビデオ通話に応じると、画面に相手の顔が表示されます。❌をタップすると、ビデオ通話が終了します。なお、通話中に［カメラをオフ］をタップすると、自分のカメラをオフにできます。

タップする

Memo 通話時間を確認する

通話を行うと、トークルームに通話履歴が表示されます。通話履歴には通話時刻と通話時間が表示され、相手が応答しなかった場合は「応答なし」または「キャンセル」と表示されます。

音声通話が終了しました
00:22

ビデオ通話が終了しました
00:39

応答なし

Section

23

音声通話の着信に応答しよう

友だちから音声通話の着信があったら、応答して通話してみましょう。スリープモード時に着信があった場合でも、わざわざ「LINE」アプリを起動せずに通話することができるので便利です。ビデオ通話も同じ方法で応答できます。

💬 音声通話の着信に応答する

① 友だちから着信があったら、[応答]（iPhoneの場合は✅）をタップします。

タップする

② 通話を開始すると、通話時間が表示されます。通話を終えるには、✕をタップします。

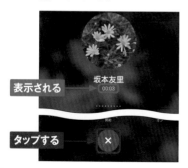

表示される　坂本友里

タップする

③ 通話が終了し、着信前の画面（ここではホーム画面）に戻ります。iPhoneの場合は「LINE」アプリが表示されます。

Memo スリープ時に着信があった場合

スリープ時に着信があると、下のような画面が表示されます。着信中に📞（iPhoneの場合は📞）を右方向にスライドすると、着信に応答できます。

スライドする

第 **3** 章

もっと友だちを
追加しよう

友だちのしくみを理解しよう

トークや音声通話を楽しむためには、ほかのLINEユーザーを「友だち」に追加する必要があります。ここでは、友だちの追加方法と、友だちに追加されたときの対応方法を紹介します。

💬 友だちの追加方法

LINEでは、左下の表のようにさまざまな方法で友だちを追加することができます。友だちに追加すると、トークや音声通話を行うことができますが、音声通話は双方が友だちに追加しなければ行えません。

●友だちのさまざまな追加方法

電話番号・ID検索	電話番号（Sec.09）やLINE ID（Sec.28）を入力して追加する（要年齢確認）
QRコード	LINEユーザー固有のQRコードを読み込んで友だちに追加する（Sec.25参照）
知り合いかも?	「知り合いかも?」に表示されたLINEユーザーを友だちに追加する（Sec.26参照）
アドレス帳	スマートフォンのアドレス帳からLINEユーザーを検索して追加する（Sec.27参照）
紹介	友だちから別の友だちを紹介してもらって追加する（Sec.29参照）
招待	まだLINEを使っていない人をメールなどで招待して追加する（Sec.27参照）

●友だち登録のしくみ

AもBもお互いを友だちに追加しているため、AとBとの間でトークも音声通話もできます。

BがAを友だちに追加していないため、AとBとの間でトークはできますが、音声通話はできません。

友だちに追加されたときの対応方法

ほかのLINEユーザーが自分を友だちに追加すると、自分の友だちリストの「知り合いかも?」欄にその相手が表示されます。相手が知り合いであれば、友だちに追加しましょう。知り合いではない、またはトークなどを楽しむような間柄ではない人の場合は、ブロックすることでまったく交流できないようにすることができます（Sec.96参照）。

「知り合いかも?」に表示された人を見分ける方法

「知り合いかも?」にほかのユーザーが表示される場合、その理由も表示されていることがあります。その理由を見ることで、どのようにして「知り合いかも?」に表示されたのかが推測できます。以下を参考にして、友だちに追加するか、ブロックするかを判断してみてください。

●「電話番号で友だち追加されました」と表示された場合

相手がアドレス帳の自動検索や電話番号検索で自分を友だちに追加した場合に表示されます。自分の電話番号を知っている相手が登録していることが多いため、自分の知り合いである可能性が高いといえますが、適当な電話番号をアドレス帳に登録して自動追加する人や、電話番号検索で手あたり次第検索する人もいます。名前やプロフィールのアイコンなどを見て、追加するかブロックするかを判断しましょう。

●「LINE IDで友だち追加されました」「QRコードで友だち追加されました」 と表示された場合

相手がLINE IDやQRコードで自分を友だちに追加した場合に表示されます。もし、LINE IDやQRコードを他人に教えた記憶がなければ、なんらかの形でLINE IDやQRコードが流出している可能性があります。身に覚えのない相手の場合はブロックしたほうがよいでしょう。

●理由が表示されない場合

同じグループに入っている人が自分を友だちに追加した場合や、友だちのトークルーム内で自分が別の友だちに紹介されて追加された場合は、「知り合いかも?」に理由が表示されません。そのため、まったく知らない人が表示されることもあります。グループメンバーでなかったり、友だちの知り合いでなかったりする場合はブロックしたほうがよいでしょう。

25

QRコードで
友だちを追加しよう

LINEユーザーには、それぞれ固有のQRコードが割り当てられています。QRコードを利用すれば、友だちをかんたんに追加できます。相手にQRコードを表示してもらうか、メールでQRコードを送ってもらいましょう。

QRコードで友だちを追加する

(1) [ホーム] をタップし、👤をタップします。

(2) [QRコード] をタップします。

(3) 「QRコードリーダー」画面が表示されるので、友だちのQRコードをカメラで枠内に合わせて読み取ります。

(4) 検索結果が表示されるので、名前とアイコン画像を確認します。[追加] をタップすると、友だちに追加されます。

💬 マイQRコードを表示する

① P.52手順①〜③を参考に「QR コードリーダー」画面を表示し、[マ イQRコード]をタップします。

タップする

器 マイQRコード

② 自分のQRコードが表示されるの で、P.52手順①〜③の操作で 相手に読み取ってもらいます。メー ルで送信する場合は、[シェア] をタップします。

QRコードやリンクを...
追加しまし...

タップする

リンクを
コピー
シェア
保存

③ メールアプリをタップして選択する と、QRコードをメールに添付して 送ることができます。

LINEチーム	坂本友里	Keepメモ	00000000000
LINE	LINE LINE Keep	Files by Go... ダウンロー...	フォト フォトにア...
+メッセー...	ドライブ	タップする フォト フォトにア...	マップ マップに追...
メッセージ	印刷	Amazon ... ▾	auメール
Bluetooth	Dropbox ▾	Facebook ▾	Files by Go... ダウンロー...

Memo 送られてきたQR コードを読み取る

P.53手順①の画面で画面右下 のサムネイルをタップし、相手か ら送られてきたQRコードの画像 を選択すると、P.52手順④の画 面が表示され、同様の手順で友 だちを追加することができます。

器 マイQRコード

タップする

QRコードをスキャンして友だち追加など
の機能を利用できます。

「知り合いかも?」から 友だちを追加しよう

LINEには、自分を友だちに追加した人や同じグループに入っている人など、自分の知り合いかもしれない人を表示する「知り合いかも?」という機能があります。知り合いの場合は友だちに追加し、知り合いではない場合はブロックしましょう。

「知り合いかも?」から友だちを追加する

① [ホーム] をタップし、🙎 をタップします。

② 「知り合いかも?」欄に表示されているユーザーをタップします。

③ 名前とアイコン画像を確認し、[追加] をタップします。

④ 再度「ホーム」タブを表示し、[友だち] をタップすると、友だちが追加されたことが確認できます。

📧 「知り合いかも?」のユーザーをブロックする

(1) [ホーム] をタップし、👤をタップします。

(2) 「知り合いかも?」欄に表示されているブロックしたい相手をタップします。

(3) [ブロック] をタップすると、相手がブロックされます。「知り合いかも?」にも表示されなくなります。

Memo 「知り合いかも?」のトラブルについて

LINEの「知り合いかも?」機能は、必ずしも知り合いのみと友だちになれるわけではありません。知らない人を友だちに追加することで、トラブルに巻き込まれてしまう危険性もあります。LINE Safety Center (https://linecorp.com/ja/safety/) では、トラブルに巻き込まれないためのアドバイスが掲載されているので、一度目をとおしておくとよいでしょう。

アドレス帳を使って友だちを追加しよう

友だちをまとめて追加したいときは、「友だち自動追加」を利用します。スマートフォンのアドレス帳に登録している友だちを自動的にLINEの友だちに追加できるので便利ですが、意図しない相手まで追加されてしまうことがあるので注意してください。

💬 友だち自動追加をオンにする

① P.52手順①を参考に「友だち追加」画面を表示し、⚙をタップします。

② 「友だち」画面が表示されるので、[友だち自動追加] → [確認] の順にタップします。iPhoneの場合は、「友だち自動追加」の 🔘 をタップします。

③ アドレス帳が同期され、友だちが自動で追加されます。

Memo 友だちが追加されない場合

「友だち自動追加」をオンにすると、アドレス帳のLINEを使用している人すべてが友だちに追加されます。友だちに自動追加されていない場合は、相手が「友だちへの追加を許可」（Sec.91参照）をオフにしていたり、LINEとアドレス帳に登録している電話番号が異なっている可能性があります。

📧 LINEを利用していない人を招待する

1 P.52手順①を参考に「友だち追加」画面を表示し、[招待] をタップします。

2 任意の招待方法（ここでは [メールアドレス]）をタップします。

3 アドレス帳に登録してあるユーザーの一覧が表示されます。招待したい友だちの [招待] をタップします。

4 メール送信に利用するアプリ（ここでは [Gmail]）をタップします。なお、端末によっては手順が異なる場合があります。

5 メール内容を確認して、▷をタップすると、LINEの招待メールが相手に送信されます。

Memo 友だち自動追加の注意点

アドレス帳を使ってまとめて友だちを追加する機能は便利ですが、意図しない人まで友だちに追加してしまう可能性があるため、本書ではおすすめしません。意図しない人が追加された場合は、Sec.96を参考にしてブロックしましょう。

ID検索で友だちを追加しよう

友だちがIDを設定していて、IDによる検索を許可していれば、ID検索で友だちを追加することができます。なお、ID検索を行うためには年齢確認が必要です。18歳未満のユーザーはID検索を利用できません。

💬 ID検索で友だちを追加する

1 ［ホーム］をタップし、👤をタップします。

2 ［検索］をタップします。

3 ［ID］をタップし、友だちに追加したいユーザーのLINE IDを入力して、🔍をタップします。

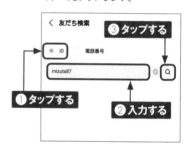

Memo　ID検索には年齢確認が必要

アカウント登録時に年齢確認を行わなかった場合は、手順③のあとで「年齢確認」画面が表示されます。画面の指示に従い年齢確認を完了させましょう。年齢が18歳未満の場合は利用できません。なお、本書ではLINE IDの使用はおすすめしないため、設定しない前提で解説を行っています。

④ 検索結果が表示されるので、名前とアイコン画像を確認し、[追加] をタップします。

⑤ 「追加しました。」と表示され、友だちに追加されます。

Memo 検索しても友だちが表示されない場合

手順④で友だちが表示されない場合は、入力したLINE IDが間違っている可能性があります。友だちのLINE IDを確認し、正確な文字列で検索し直しましょう。正しいLINE IDを入力しても表示されない場合は、相手が「IDによる友だち追加を許可」をオフに設定している可能性が考えられます（Sec.92参照）。

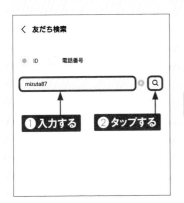

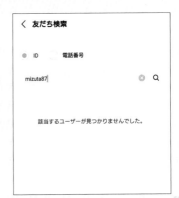

友だちを紹介してもらって追加しよう

LINEでは、連絡先の紹介機能を使うことで、友だちに別の友だちのアカウントを紹介して、交流を広げることができます。なお、友だちのアカウントを紹介する際は、トラブルを防ぐため、あらかじめ許可を取っておきましょう。

💬 友だちを紹介してもらって追加しよう

① 別の友だちに自分とのトークルームを表示してもらい、＋→［連絡先］の順にタップしてもらいます。

② ［LINE友だちから選択］をタップしてもらいます。

③ 紹介してもらいたい友だちをタップし、［転送］（iPhoneの場合は［送信］）をタップしてもらいます。

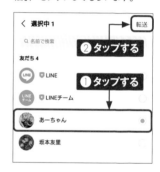

④ 自分のトークルームに紹介された友だちのアカウントが表示されるので、タップして［追加］をタップすると、友だちに追加されます。

友だちリストの画面の使い方を確認しよう

「友だちリスト」では、LINEでつながっている友だちやグループ、友だち追加しているLINE公式アカウントがタブごとに表示されます。それぞれで友だち追加しているアカウントが一覧で表示されるため、目的のアカウントすぐに見つけることができます。

友だちリストを確認する

1 [ホーム] をタップし、「友だちリスト」の [すべて見る] をタップします。

2 「友だちリスト」画面が表示されます。友だちがステータスメッセージを設定していると名前の下に表示されます。友だちの名前をタップします。

3 友だちのプロフィール画面が表示されます。この画面からトークや通話を行うことも可能です。

第3章　もっと友だちを追加しよう

Memo 友だちリストの並び順を変更する

友だちリストの並び順は、初期設定では「デフォルト」になっていますが、任意の並び順に設定することができます。手順②の画面で、[デフォルト] をタップし、[友だち追加順] [プロフィール更新順] [メッセージ送信順] からタップして選択します。

友だちを「お気に入り」に追加しよう

友だちが増えてきたら、ひんぱんにメッセージのやり取りを行う友だちを「お気に入り」に追加しましょう。「お気に入り」に追加した友だちとは、よりスムーズにメッセージのやり取りができます。

友だちをお気に入りに追加する

(1) Sec.30を参考に、「友だちリスト」画面を表示し、お気に入り登録したい友だちを長押しします。

(2) [お気に入り] をタップします。

(3) [お気に入り] をタップすると、お気に入り登録した友だちが表示されます。

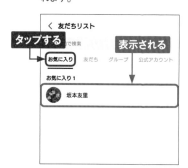

Memo お気に入りを解除する

お気に入りを解除するには、手順①を参考にトークルームを長押しして [お気に入り解除] をタップします。

友だちの表示名を
変更しよう

LINEはニックネームでも登録できるため、友だちの表示名を見ても誰なのかわからなくなることがあります。友だちの表示名は変更できるので、わかりやすい名前に変更すると便利です。なお、表示名を変更したことは相手には通知されません。

友だちの表示名を変更する

1 P.62手順①の画面で、表示名を変更したい友だちをタップします。

2 ✎をタップします。

3 入力欄に任意の名前を入力し、[保存]をタップします。

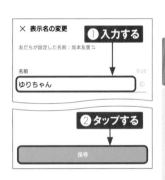

4 表示名が変更されます。

33

友だちからの通知方法を変更しよう

あまり親しくない友だちからの通知が多く、対応に困った場合は、通知をオフにしましょう。ここでは、特定のトークルームからの通知をオフにする方法を紹介します。LINE全体の通知設定を変更したいときは、Sec.109を参照してください。

💬 特定の友だちからの通知をオフにする

① [トーク] をタップし、通知をオフにしたいトークルームを長押しします。

② [通知オフ] をタップします。

③ 通知がオフに設定されます。

Memo 通知をオンにする

再度通知をオンにしたい場合は、手順①を参考にトークルームを長押しして [通知オン] をタップします。

第**4**章

スタンプを入手しよう

無料のスタンプを ダウンロードしよう

スタンプショップで販売されているスタンプは基本的に有料ですが、条件をクリアすることで、無料で利用できるスタンプもあります。ただし、条件付きの無料のスタンプには配布期間や有効期間に限りがあるので、注意が必要です。

条件付きの無料スタンプをダウンロードする

① ［ホーム］をタップして、[スタンプ] をタップします。

② LINEスタンププレミアムについての画面が表示される場合は［閉じる］をタップし、[無料] をタップします。

③ 一覧を上下にスワイプし、「友だち追加でスタンプGET!」と表示されている、任意のスタンプをタップします。

Memo ダウンロードできる スタンプの条件

条件付きの無料スタンプには、友だち追加をすることで利用できるスタンプのほかに、サービスに登録したり、アンケートに答えたりすることで利用できるものがあります。

④ ［友だち追加して無料ダウンロード］をタップすると、スタンプのダウンロードが始まります。

⑤ ダウンロードが完了します。［OK］をタップします。

⑥ 「ダウンロード済み」と表示されます。

⑦ Sec.16を参考にスタンプ送信画面を表示すると、ダウンロードしたイベントスタンプを利用できます。

Memo スタンプの有効期間

多くの無料スタンプには、有効期間が設定されています。有効期間が設定されているスタンプは、ダウンロードしてから有効期間の日数が過ぎると、利用できなくなってしまいます。

有料のスタンプを購入しよう

有料のスタンプを購入するには、あらかじめ「コイン」や「LINEクレジット」をチャージする必要があります。コインは、AndroidスマートフォンではGoogleアカウント、iPhoneではApple IDに登録した支払い方法で購入できます。

💬 LINEコインをチャージする

①「ホーム」タブで⚙ → [コイン] の順にタップします。

② [チャージ] をタップします。

③ チャージしたいコインの金額をタップします。

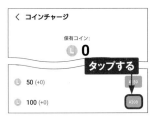

④ [購入] をタップし、Googleアカウントのパスワードを入力して [確認] をタップすると、チャージが完了します。iPhoneの場合は、[購入] をタップし、Apple IDのパスワードを入力して [サインイン] をタップします。

⑤「お支払いが完了しました」画面が表示される場合は [後で] をタップします。

Memo 支払い方法を設定する

支払い方法が設定されていない場合は、手順③（iPhoneの場合は手順④）のあとに表示される画面で、支払い方法を設定することができます。

有料スタンプを購入する

1 [ホーム] をタップして、[スタンプ] をタップします。

2 画面上部から任意のタブ (ここでは [カテゴリー]) をタップします。一覧を上下にスワイプし、任意のカテゴリーをタップします。

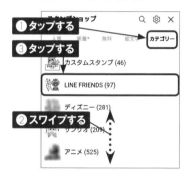

3 一覧を上下にスワイプし、購入したいスタンプをタップします。

4 購入に必要なコインと保有コインを確認して、[購入する] → [OK] の順にタップします。

5 購入とダウンロードが完了します。[OK] をタップすると、スタンプが利用できるようになります。

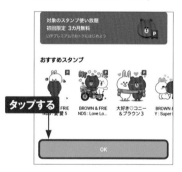

Memo LINEポイントで スタンプを購入

アプリのダウンロードや動画の視聴などの条件を満たすことで入手できる、「LINEポイント」というサービスがあります (Sec.81 参照)。これを貯めて有料スタンプを購入することもできます。

第 **4** 章 スタンプを入手しよう

LINEプリペイドカードで有料スタンプを購入する

① WebブラウザでLINE STORE「https://store.line.me/ja」にアクセスし、[チャージする]をタップします。「サイト利用同意」画面が表示される場合は[上記に同意して利用する]をタップし、再度[チャージする]をタップします。

② [LINEプリペイドカード]→[確認]の順にタップします。

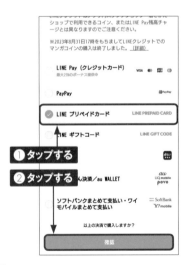

③ コンビニなどで購入したLINEプリペイドカードの裏面に記載されているPINコードを入力し、[チャージする]をタップします。

④ LINEクレジットへのチャージが完了します。[確認]をタップします。

⑤ 手順①の画面に戻ります。■をタップし、[公式スタンプ]もしくは[クリエイターズスタンプ]をタップします。

⑥ 画面上部から任意のタブ（ここでは［カテゴリー］）をタップします。一覧を上下にスワイプし、任意のカテゴリーをタップします。

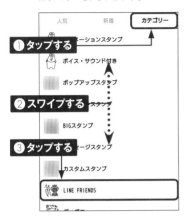

①タップする
②スワイプする
③タップする

⑦ 一覧を上下にスワイプし、購入したいスタンプをタップします。

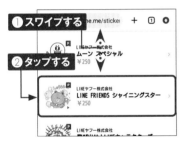

①スワイプする
②タップする

⑧ ［購入する］をタップします。

LINE STORE
お得な情報をゲットしよう！
友だち追加

LINE FRIENDS シャイニングスター
LINEヤフー株式会社
¥250 税込表示

タップする

PayPay決済が利用できるようになりました

プレゼントする　購入する

⑨ ［LINEクレジット］→［購入する］の順にタップします。

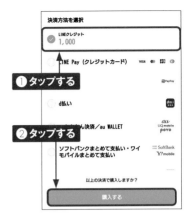

決済方法を選択
LINEクレジット 1,000
LINE Pay（クレジットカード）
①タップする
d払い
②タップする
以上の決済で購入しますか？
購入する

⑩ スタンプが自動でダウンロードされます。［TOPへ戻る］をタップすると、P.70手順①の画面に戻ります。

タップする

LINE FRIENDS シャイニングスターの購入が完了しました。購入したスタンプはLINEアプリで利用する際に自動でダウンロードされます。

☑ LINE STOREの公式アカウントを追加して、購入アイテムに関連したお得な情報を受け取る。

TOPへ戻る

⑪ 「LINE」アプリを起動し、Sec. 16を参考にスタンプ送信画面を表示すると、購入・ダウンロードした有料スタンプを利用できます。

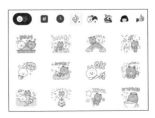

71

スタンプ定額使い放題サービスを利用しよう

LINEスタンププレミアムとは、対象スタンプが月額240円から使い放題で利用できるサブスクリプションサービスです。なお、LYPプレミアムに加入している場合は、LINEスタンププレミアムのベーシックコースが利用できます（Sec.78参照）。

💬 LINEスタンププレミアムのプランを購入する

1 P.66手順①を参考に、「スタンプショップ」画面を開き、⚙→［プラン］→［無料でスタンプが使い放題］の順にタップします。

Memo **LINEスタンププレミアムのプラン（コース）**

LINEスタンププレミアムには、2種類のコースがあります。ベーシックコース（月額240円／年額2,400円／学割月額120円）では、1,200万種類以上のスタンプが利用でき、最大5個までダウンロードできます。デラックスコース（月額480円／年額4,800円／学割月額360円）では、スタンプや絵文字を合計1,000個まで、着せかえを100個までダウンロード可能です。

2 画面を上方向にスワイプし、購入したいプラン（ここではベーシックコースの［月間プラン］）をタップします。

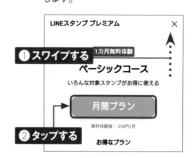

3 「情報の利用について」画面が表示されるので、内容を確認し、［同意して続ける］（iPhoneの場合は［同意して続ける］→［今すぐ加入する］）をタップします。

④ [定期購入] をタップし、Google アカウントのパスワードを入力して [確認] をタップします。iPhoneの場合は [サブスクリプションに登録] をタップし、Apple IDのパスワードを入力して [サインイン] をタップします。

⑤ Androidスマートフォンで「予備のお支払いの設定を管理しますか?」と表示された場合は [追加しない] をタップします（予備の支払い方法を設定したいときは [設定を管理] をタップして設定します）。

Memo マイプレミアムスタンプを入れ替える

ベーシックコースの場合、すでに5個スタンプを保有していると、新たにスタンプをダウンロードしようとしたときに「マイプレミアムスタンプを入れ替えますか?」と表示されます。[スタンプを入れ替える] をタップすると、「マイプレミアムスタンプ」画面が表示されるので、入れ替えたいスタンプの ● → [ダウンロード]（iPhoneの場合は ● → [削除] → [ダウンロード]）の順にタップすると入れ替えが完了します。

⑥ [OK] をタップすると、プランの購入が完了します。以降は、P が表示されているスタンプを無料でダウンロードできます。

⑦ トークルームで文字を入力したときにサジェスト機能に表示されるスタンプの中で P が表示されているスタンプを使い放題で利用できます。

Memo LINEスタンプ プレミアムを解約する

「ホーム」タブで ⚙ をタップし、[スタンプ] → [プラン] → [購入プランを編集] → [キャンセル] の順にタップすると、「Play ストア」アプリに切り替わるので [定期購入を解約] をタップし、解約の理由をタップして選択して、[次へ] → [定期購入を解約] の順にタップします。iPhoneの場合は「ホーム」タブで ⚙ → [スタンプ] → [プラン] → [購入プラン（コース）を編集] の順にタップすると、「App Store」アプリに切り替わるので [LINEスタンププレミアム] → [無料トライアルをキャンセルする] もしくは [サブスクリプションをキャンセルする] → [確認] の順にタップします。

37

友だちにスタンプを
プレゼントしよう

スタンプを購入して友だちにプレゼントすることもできます。日ごろLINEでやり取りしている友だちにプレゼントしてみましょう。プレゼントできるのは、一度につき1人だけです。プレゼントされたスタンプはトークルームなどからダウンロードできます。

スタンプをプレゼントする

1 ［ホーム］をタップし、［スタンプ］をタップします。

2 画面上部から任意のタブ（ここでは［新着］）をタップします。一覧を上下にスワイプし、プレゼントしたいスタンプをタップします。

3 ［プレゼントする］をタップします。

4 スタンプをプレゼントしたい友だちをタップして選択し、［OK］をタップします。コインが不足している場合は、「コインが不足しています。チャージしますか?」と表示されるので、［OK］をタップしてP.68手順③〜⑤を参考にチャージします。

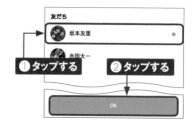

⑤ [OK] をタップします。

LINEヤフー株式会社
楽しい日常
♪BROWN&FRIENDS
🪙 100　保有コイン：100

坂本友里

スタンプをプレゼントしますか？

[OK]をタップすると直ちに100コインの支払い
が行われるとともに、楽しい日常
♪BROWN&FRIENDSが友だちにプレゼントさ
れます。[コインチャージ]で購入したコインが
優先的に消費されます。購入したコインだけで
不足する場合、保有するLINEポイントがコイ
ンに自動的に変換されて消費されます。購入後
のキャンセルはできません。

→ **タップする**

OK

⑥ 友だちにプレゼントが贈られます。
[情報ページに戻る] をタップす
ると、P.74手順③の画面が表示
されます。

坂本友里

プレゼントを贈りました。
坂本友里にプレゼントを送信しました。

→ **タップする**

情報ページに戻る

⑦ Sec.10を参考に、プレゼントを
贈った友だちのトークルームを表
示すると、「プレゼントを贈りまし
た。」というメッセージが確認でき
ます。

プレゼントを贈りました。
10:32

Memo　プレゼントを
受け取ったら

友だちからプレゼントされたスタ
ンプは、トークルームに表示され
ます。「スタンプのプレゼントが
届きました!」というメッセージ内
の [受けとる] をタップすると、
スタンプをダウンロードできま
す。もし、トークルームを削除し
てしまっても、「ホーム」タブで
⚙をタップして「設定」画面を
表示し、[スタンプ] → [プレゼ
ントボックス] の順にタップし、
もらったプレゼントの名前をタッ
プすることで、再びダウンロード
できます。

スタンプのプレゼントが届き
ました！

受けとる

タップする

10:32

+ 📷 🖼　Aa　　　😊 🎤

メッセージスタンプを購入して送信しよう

「メッセージスタンプ」を利用すると、指定の位置にオリジナルのメッセージを入力したスタンプを作ることができます。入力するメッセージはスタンプ送信前に変更することができます。

メッセージスタンプを購入して送信する

① P.69手順②の画面で［メッセージスタンプ］をタップします。

② 一覧を上下にスワイプし、購入したいメッセージスタンプをタップします。

③ ［購入する］→［OK］→［OK］の順にタップしてメッセージスタンプを購入します。

④ スタンプのメッセージを変更したいときはSec.16を参考にスタンプの送信画面を表示し、🖉をタップします。

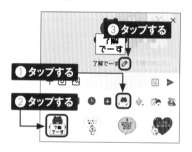

⑤ 任意のメッセージを入力するとプレビューが表示されます。［保存］をタップするとメッセージの変更が完了するので、▶をタップして送信します。

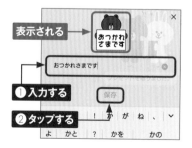

スタンプの表示順序を変更しよう

トークの入力画面に表示されるスタンプの順序は、任意の順序に変更することができます。ひんぱんに使用するスタンプなどを、トークの入力画面で順序が先になるように変更しましょう。

🗨 スタンプの表示順序を変更する

① 「ホーム」タブで⚙→ [スタンプ] の順にタップします。

③ 順序を変更したいスタンプの二（iPhoneの場合は ≡）を上下にドラッグします。

② [マイスタンプ編集] をタップします。

④ スタンプの順序が変更されます。

40

使わないスタンプを削除しよう

ダウンロードしたものの、ほとんど使わないスタンプがあれば、削除しましょう。一度購入したスタンプは削除しても、再度ダウンロードすることができます。ただし、有効期間のあるスタンプは、期間が過ぎてしまうと、ダウンロードすることができません。

💬 スタンプを削除する

1 P.77手順①を参考に「スタンプ」画面を表示し、[マイスタンプ編集]をタップします。

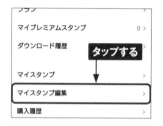

```
クラブ                          >
マイプレミアムスタンプ           0 >
ダウンロード履歴    タップする   >
マイスタンプ                     >
マイスタンプ編集                 >
購入履歴                         >
```

2 一覧を上下にスワイプし、削除したいスタンプの➖をタップします。

```
〈 マイスタンプ編集

スタンプ(11)           絵文字(24)

➖  チェリーココ
    有効期間・期限なし        ＝

➖  デカ絵文字
    有効期間・期限なし        ＝

① スワイプする
➖  ブラウン・コニー
    有効期間・期限なし        ＝

② タップする
➖  ムーン・ジェームズ
    有効期間・期限なし        ＝

➖  動くブラウン＆コニー・サ…
    有効期間・期限なし        ＝
```

3 [削除]をタップすると、スタンプが削除され、表示されなくなります。

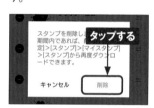

```
スタンプを削除し  タップする
期間内であれば、
定]>[スタンプ]>[マイスタンプ]
>[スタンプ]から再度ダウンロ
ードできます。

キャンセル          削除
```

Memo 削除したスタンプを再表示する

削除したスタンプを再度ダウンロードするには、手順①の画面で[購入履歴]をタップします。購入済みのスタンプ一覧が表示されるので、ダウンロードしたいスタンプをタップし、[ダウンロード（購入済み）]をタップします。

```
LINEヤフー株式会社
大好きブラコニ☆ずーっと
ラブラブ   タップする
🔘 100  保有コ

♡  プレゼントする   ダウンロード
                   （購入済み）
```

第 **5** 章

トークをもっと楽しもう

トークルームの背景デザインを変更しよう

トークルームの背景は自由に変更することができます。デフォルトの背景デザインは豊富に用意されているので、一括で全体を変更したり、仲のよい友だちや家族などのトークルームを個別に変更したりして、トークを楽しみましょう。

💬 トークルーム全体の背景デザインを変更する

① ［ホーム］をタップし、⚙をタップします。

② ［トーク］をタップします。

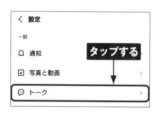

③ ［背景デザイン］をタップします。

④ 設定したい背景デザインをタップして選択します。

⑤ 「プレビュー」画面が表示されるので確認し、［適用］をタップします。

(6) 背景デザインの変更が適用されます。

(7) トークルームの背景デザインが変更されます。

個別にトークルームの背景デザインを変更する

(1) Sec.10を参考に友だちのトークルームを表示し、■をタップします。

タップする

(2) [設定] をタップします。

タップする

(3) [背景デザイン] をタップします。

〈 設定

タップする

投稿の通知
ノートへのリアクションやコメントの通知を受信します。

背景デザイン ›

BGM ›
トークルームにBGMを設定します。設定したBGMは、すべてのメンバーのトークルームに反映されます。

トーク履歴を送信 ›
トーク内容をテキスト形式のファイルで送信します。

暗号化キー ›

(4) 「背景デザイン」画面が表示されるので、P.80手順④〜⑤を参考にトークルームの背景を変更します。

画面全体のデザインを変更しよう

画面全体のデザインを変更したいときは、着せかえを変更します。なお、Sec.41の操作を行ったあとに着せかえを変更しても、トークルームの背景の設定は継続されます。

💬 着せかえを変更する

① P.80手順①を参考に「設定」画面を表示し、[着せかえ] → [マイ着せかえ] の順にタップします。

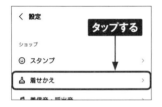

② 現在適用されている着せかえをタップしてチェックを外し、適用したい着せかえ（ここでは [コニー]）をタップしてチェックを付け、[適用する]をタップします。ダウンロードされていない場合は、⏬をタップします。

③ 着せかえが変更されます。

Memo 着せかえを自動で切り替える

手順②の画面で、着せかえを複数選択し [適用する] をタップすると、設定した更新頻度に応じて着せかえを自動で切り替えることが可能です。着せかえを複数選択した状態で、[更新頻度] をタップすると任意のタイミングを設定できます。

43

表示されるフォントを変更しよう

トークルームや「ホーム」画面など「LINE」アプリ全体のひらがな、カタカナ、漢字、アルファベット、特殊記号のフォントを変更できます。なお、LYPプレミアム（Sec.78参照）に加入していれば、制限なくフォントの種類を選べます。

フォントを変更する

(1) [ホーム] をタップして、⚙をタップします。

矢野明希
LINEはじめました！
♬ BGMを設定
Q 検索

② タップする

① タップする

LINEで
チラシが

ホーム　トーク　VOOM　ニュース　ウォレット

(2) [フォント] → [OK] の順にタップします。

< 設定
ショップ

😊 スタンプ

👚 着せかえ　　タップする

♬ 着信音・呼出音

🔤 フォント ◎

💰 コイン

一般

(3) 設定したいフォントをタップして選択し、[適用] をタップします。

無心

あ ア 安
あいうえおかきくけこさしすせそたちつてと
カキクケコサシスセソタチツテト
数久計己左之引曹太知川天正
ABCDabcd1234、。・！？「

① タップする

② タップする

適用

(4) トークルームなどのフォントが変更されます。

< 坂本友里

1月18日(木)

明日は駅前に集合です！

何時に集合ですか？

11時です。

よろしくお願いします！

ランチ行きませんか？

行きましょう！
何がいいですか？

お寿司が食べたいです！

44

トークルームの
フォントサイズを大きくしよう

文字が小さくて読みづらいと感じたときや、文字が大きすぎて画面内の情報が見づらいと感じたときは、自分が読みやすい文字サイズに設定してみましょう。文字の大きさは4段階で変更が可能です。

💬 トークルームのフォントサイズを変更する

(1) [ホーム] をタップし、⚙をタップします。

(2) [トーク] をタップします。

(3) [フォントサイズ] をタップします。

(4) 任意の文字サイズ（ここでは [大]）をタップします（iPhone ではあらかじめ [iPhoneの設定に従う] をオフにします）。

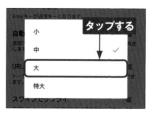

(5) Sec.10を参考にトークルームを表示すると、フォントサイズが変更されていることを確認できます。

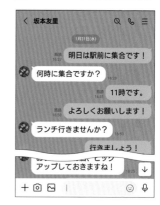

45

トークルームの表示順を変更しよう

トークルームは、「受信時間」「未読メッセージ」「お気に入り」の3つの順番に並べ替えることができます。お気に入りの友だちは上部に表示させるなどして、「トーク」タブをカスタマイズしてみましょう。

💬 トークルームの表示順を変更する

(1) [トーク] をタップし、：をタップします。iPhoneの場合は画面左上の [トーク] をタップし、手順③に進みます。

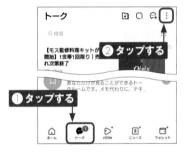

(3) 並べ替えたい順番（ここでは [未読メッセージ]）をタップします。

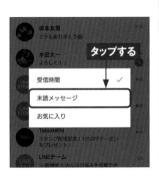

(2) [トークを並べ替える] をタップします。

(4) トークルームが並べ替えられます。ここでは、未読メッセージのあるトークルームから表示されます。

よく使うトークルームを いちばん上に表示しよう

LINEでは、トークルームの表示位置を固定できる「ピン」機能が利用できます。メッセージを送りたいときにすぐにトークルームを開けるので、ひんぱんにやり取りする友だちを設定しておくとよいでしょう。

トークルームをピン留めする

1 [トーク] をタップし、ピン留めしたいトークルームを長押しします。iPhoneの場合はトークルームを右方向にスワイプします。

2 [ピン留め] をタップします。iPhoneの場合は★をタップします。

3 トークルームが、「トーク」タブの上部に固定されます。

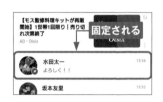

Memo ピン留めを解除する

ピン留めを解除したい場合は、手順③の画面で固定したトークルームを長押しし、[ピン留め解除] をタップします。iPhoneの場合は、トークルームを右方向にスワイプし、★をタップします。

アナウンス機能で重要な トークを目立たせよう

「アナウンス」機能を利用すれば、トークルーム内でやり取りした特定のメッセージを最大5つまで最上部に常に表示させておくことができます（相手にも表示されます）。重要なメッセージなどは、この機能を使うと便利です。

アナウンスを表示する

1 Sec.10を参考に友だちのトークルームを表示したら目立たせたいメッセージを長押しし、[アナウンス] をタップします。

2 トークルームの上部に常に表示されます。アナウンスの∨をタップします。

3 [今後は表示しない] をタップすると自分の画面のアナウンスが解除され、[最小化] をタップすると、トークルームの右上にアイコンだけが表示されます。

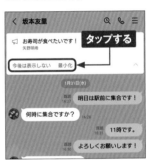

Memo アナウンスを 解除する

アナウンスを長押しし、[アナウンスを解除] をタップするとアナウンスを解除できます。iPhoneの場合は、アナウンスの ∨ をタップし、アナウンスを左方向にスワイプして、[アナウンスを解除] をタップします。

48

トークをスクリーンショットで保存しよう

「トークスクショ」機能を使うと、トークルームの一部を切り取って画像にし、別の友だちやほかのSNSで共有することができます。なお、画像内の友だちの名前やプロフィールアイコンは隠すことが可能です。

💬 トークスクショ機能を利用する

1 [トーク] をタップして、トークスクショしたいトークルームをタップします。

2 トークスクショしたいトークの開始位置を長押しします。

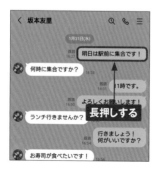

3 [スクショ] をタップします。

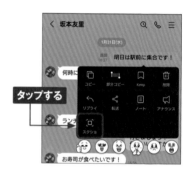

4 必要に応じて画面をスクロールし、スクショの終了位置をタップします。

(5) 友だちのプロフィールアイコンと名前を隠したいときは［情報を隠す］をタップします。

(6) プロフィールアイコンと表示名がダミーのものに変更されます。

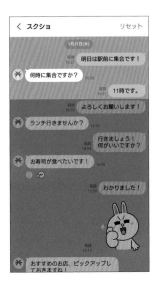

(7) ［スクショ］をタップします。

(8) スクリーンショットの画像が表示されます。 🔽（iPhoneの場合は 🔽）をタップすると、画像を保存できます。

89

49

写真をきれいに
加工してから送信しよう

写真や動画を送信する際、あらかじめ加工してから送信することができます。ここでは、写真にフィルターをかけて送信する方法を解説します。お気に入りの写真を友だちに送信してみましょう。

写真にフィルターをかける

① Sec.10を参考に友だちのトークルームを表示し、🖼をタップします。

② 上下にスワイプし、送信したい写真をタップします。

③ 🖼をタップします。

④ フィルター部分を左右にスワイプし、適用したいフィルター（ここでは［Summer］）をタップし、［完了］をタップします。

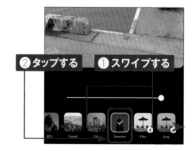

(5) 写真の加工が終わったら、▶を
タップします。

タップする

(6) フィルターをかけた写真が送信さ
れます。

送信される

どうもありがとう😊

Memo そのほかの加工機能

P.90手順③の画面で、📐をタップすると、写真
の切り抜きや回転・サイズ変更ができます。😊
をタップすると、ステッカーやスタンプ、絵文字
を貼れます。また、🇹をタップして文字入れ、✏️
をタップして手書き入力、🔲をタップしてモザイ
クかけ、🔳をタップして画像内の文字認識ができ
ます。P.90手順②の画面で動画を選択した場
合は、🔊をタップすると、動画の音声をミュート
にできます。✂️をタップすると、動画の長さを調
整したり、送信したい部分だけ動画を切り取った
りすることができます。

February 06

船に乗ったよ！

91

重要な情報をノートに保存しよう

重要な情報をテキストでまとめ、友だちと共有できる機能が「ノート」です。投稿されたノートはトークルームにも表示されます。「アナウンス」機能（Sec.47参照）と合わせて使うことで、大事な情報をすぐに確認することができます。

💬 ノートを作成する

① Sec.10を参考に友だちのトークルームを表示し、≡をタップします。

② ［ノート］をタップします。

③ ［ノートを作成］（2回目以降は⊕→［投稿］）をタップします。iPhoneの場合は⊕→［投稿］の順にタップします。

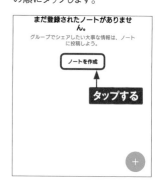

Memo ノートに保存できるもの

ノートには、テキストのほか、画像、スタンプ、URL、位置情報などを添付して投稿することができます。画像、スタンプは1つの投稿につき最大20個まで、位置情報は1つの投稿につき1個のみ添付可能です。

④ ノートに保存したい内容を入力し、[投稿] をタップします。

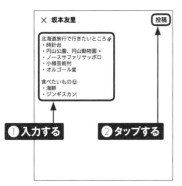

❶ 入力する　❷ タップする

⑤ ノートが投稿されます。

⬚ ノートを編集する

① P.92手順①〜②を参考にノートを表示し、編集したいノートの : をタップします。

タップする

② [編集] をタップします。

③ ノートの内容を編集し、[投稿] をタップします。

❶ 編集する　❷ タップする

Memo ノートを削除する

手順②の画面で、[投稿を削除] → [投稿を削除]（iPhoneの場合は [投稿を削除] → [削除]）の順にタップするとノートを削除できます。

メッセージや写真を Keepに保存しよう

「Keep」機能を利用すれば、トークルーム内のメッセージや写真を保存することができます。保存期間の制限はありませんが、保存容量は最大1GBで、50MBを超えるファイルのみ保存期間が30日となります。

💬 メッセージや写真をKeepに保存する

1 Sec.10を参考に友だちのトークルームを表示し、Keepに保存したいメッセージまたは写真を長押しします。

2 [Keep] をタップします。

3 [Keep]（iPhoneの場合は [保存]）をタップします。

4 「Keepに保存しました」と表示され、メッセージまたは写真がKeepに保存されます。

💬 Keepに保存したメッセージや写真を閲覧する

1 [ホーム]をタップし、口をタップします。

2 Keepの内容がリスト表示されます。保存したメッセージや写真をタップします。

3 メッセージや写真が表示されます。

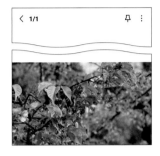

Memo **Keepを
ジャンル別に見る**

手順②の画面で[写真]をタップすると、写真のみが表示され、[テキスト]をタップすると、テキスト形式のメッセージが表示されます。なお、[ファイル]をタップすると、ボイスメッセージやPDF、Officeファイルなどが表示されます。

の図内: [ホーム]をタップし、タップする。矢野明希 LINEはじめました！ ♪ BGMを設定 ②タップする ①タップする ホーム トーク VOOM ニュース ウォレット

の図内: Keep Q ⊙ : すべて 写真 動画 リンク テキスト フ 2024年2月 タップする

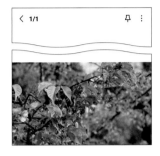の図内: 〈 1/1 ⊓ :

Memo **Keepの機能**

Keepでは、さまざまなコンテンツを管理/保存するための機能が備わっています。P.95手順③の画面で⊓をタップすると、そのメッセージや写真をリストの上部に固定することができます。また、メッセージや写真以外のコンテンツを保存したいときは、P.95手順②の画面で⊕→[ファイル]の順にタップするとスマートフォンに保存されているPDFやOfficeファイルなどをアップロードできます。スマートフォンのホーム画面から直接Keepを閲覧したいときは、P.95手順②の画面右上の：→[設定]→[Keepのショートカットを作成]→[作成]の順にタップし、[ホーム画面に追加]（iPhoneの場合は凸→[ホーム画面に追加]→[追加]）をタップするとショートカットを作成できます。

52

Keepに保存したテキストや写真を整理しよう

Keepに保存したテキストや写真は、整理しておくと閲覧しやすくなります。ピン留めして上段に表示したり、フォルダのように整理できるコレクションを活用したりしましょう。

Keepに保存したテキストや写真を整理する

(1) P.95手順②の画面で➕→[コレクション]の順にタップします。

(2) コレクション名を入力し、[作成]をタップします。

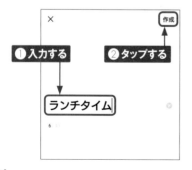

(3) コレクションが作成されます。[追加](2回目以降は🔼)をタップします。

(4) コレクションに加えたいテキストや写真をタップして選択し、[作成]をタップします。

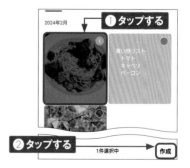

Keepメモに残した内容を Keepに保存しよう

LINEを始めると「Keepメモ」というトークルームが自動で作成されています。ここにメモしておきたいことを通常のトークと同じように送信すると、Keepにも表示されます。ここでは、Keepメモの内容をKeepに保存する方法を紹介します。

💬 Keepメモに残した内容をKeepに保存する

(1) [トーク] をタップし、[Keepメモ] をタップして、Keepメモにテキストや写真を送信します。

(2) P.95手順②の画面でKeepに保存したいKeepメモに残した写真などをタップします。

(3) ⋮ → [Keepに保存] の順にタップします。

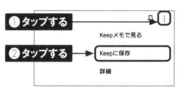

(4) 保存が完了すると、「Keepに保存しました」と表示されます。

Memo Keepメモの 注意点

Keepメモに送信した画像は一定期間を過ぎると閲覧できなくなります。残しておきたい場合は、上記の方法でKeepに保存しましょう。また、送信取消（Sec.54参照）を行うと、手順②の画面からも削除されます。

送信したメッセージや写真を取り消そう

間違えてメッセージを送ってしまった場合は、送信を取り消しましょう。24時間以内であれば、自分のトークルームだけでなく、相手のトークルームからもメッセージが削除されます。Sec.55のメッセージ削除との違いに注意してください。

送信したメッセージや写真を取り消す

(1) Sec.10を参考に友だちのトークルームを表示し、送信を取り消したいメッセージまたは写真を長押しします。

(3) [送信取消] をタップします。

(2) [送信取消] をタップします。

(4) 送信が取り消され、相手のトークルームからも削除されます。

55

送信したメッセージや
写真を削除しよう

トークルーム内の不要なメッセージや写真はかんたんな手順で削除することができます。ただし、取り消しとは異なり、自分のトークルーム内から削除されるだけで、相手のトークルームからは削除されません。

送信したメッセージや写真を削除する

(1) Sec.10を参考に友だちのトークルームを表示し、削除したいメッセージまたは写真を長押しします。

(2) [削除] をタップします。

(3) [削除] をタップします。

(4) [削除] をタップすると削除されます。なお、自分のトークルームからは削除されますが、相手のトークルームからは削除されません。

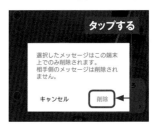

Section

56

メッセージや写真を
友だちに転送しよう

友だちから送られてきた写真や動画は、ほかの友だちに転送することができます。
複数の友だちと同じ写真や動画を共有したいときは、この機能を利用するとよいで
しょう。ここでは写真の転送方法を解説しますが、動画も同じ方法で行えます。

💬 メッセージや写真を転送する

1 Sec.10を参考に友だちのトーク
ルームを表示し、転送したいメッ
セージまたは写真を長押しします。

2 [転送] をタップします。

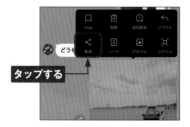

3 [転送] をタップします。

4 転送したい友だちをタップして
チェックを付け、[転送] をタップ
すると、メッセージや写真が相手
に転送されます。

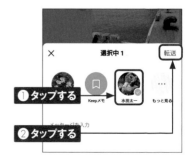

第5章　トークをもっと楽しもう

やり取りしたメッセージを検索しよう

メッセージのやり取りを見返したいときは、トーク内容を検索してみましょう。待ち合わせ場所や時間などを忘れてしまった場合に便利です。また、カレンダー検索では、日付を指定してメッセージを検索することもできます。

やり取りしたメッセージをキーワード検索する

(1) [トーク] をタップして、[検索] をタップします。

(2) 検索したいキーワードを入力し、「メッセージ」欄に表示されている友だちをタップします。

(3) トークルームが表示され、手順② で入力したキーワードがハイライトで表示されます。

Memo カレンダー検索する

特定のトークルームで検索したい場合は、画面右上の🔍をタップして手順②以降の操作を行います。そのとき、🗓をタップし、日付をタップすると、その日にやり取りしたメッセージが表示されます。

58

不要なトークルームを削除しよう

トークルームは削除することができます。長期間使用していないトークルームや、間違えて作成したトークルームなどは削除して「トーク」タブを整理しましょう。なお、トークルームを削除すると、そのトークルームのトーク履歴も削除されます。

💬 トークルームを削除する

① [トーク]をタップし、削除したいトークルームを長押しします。

② [削除]をタップします。

③ [はい] (iPhoneの場合は [削除])をタップします。

④ トークルームが削除されます。

第5章　トークをもっと楽しもう

第**6**章

グループを活用しよう

グループを新規に作成しよう

グループを作成すると、所属するメンバーだけでコミュニケーションをとることができます。職場やクラス、仲のよい友だちどうしのグループを作って、情報交換などをしましょう。

💬 グループを作成する

① [トーク] をタップし、😀をタップします。

② [グループ] をタップします。

③ グループに招待したい友だちをタップして選択し、[次へ] をタップします。

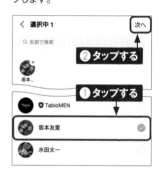

④ グループ名を入力し、ここでは◉をタップしてチェックを外して、[作成] をタップします。

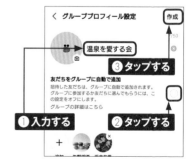

第6章　グループを活用しよう

⑤ グループが作成されます。友だちが参加するまで待ちましょう（Sec.62参照）。

⑥ 友だちがグループに参加すると、「○○がグループに参加しました。」と表示されます。左上のグループ名の右横に表示されている数字は、現在グループに参加している人数を表しています。

⑦ グループを作成すると、友だちリストに表示されます。

Memo 「友だちをグループに自動で追加」とは？

P.104手順④の画面で「友だちをグループに自動で追加」にチェックを入れた状態でグループを作成すると、「○○が○○をグループに追加しました。」と表示され、友だちが自動的に追加されます。友だちは「参加」または「拒否」を選択できません（Sec.62参照）。なお、グループ作成後にほかの人を招待すると、手順④の設定が適用されます。

グループに招待しよう

作成したグループに、新たに友だちを招待することができます。同じ用件を話すときに、個別にそれぞれの友だちに連絡するよりも、同じグループに招待してグループ内で連絡したほうが、手間がかからず便利です。

友だちをグループに招待する

(1) ［ホーム］をタップし、［グループ］をタップします。

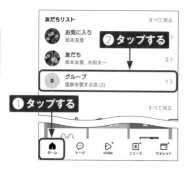

(2) 友だちを招待したいグループをタップします。

(3) ［トーク］→☰の順にタップします。

(4) ［招待］をタップします。

(5) 招待したい友だちをタップして選択し、［招待］をタップします。招待した友だちに招待メッセージが送られます。

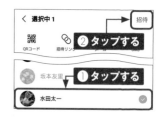

QRコードやURLで グループに招待しよう

QRコードやURLを友だちに共有することでグループに招待する方法もあります。なお、QRコードやURLを利用してグループに招待したり参加したりするには、あらかじめ年齢確認（P.31Memo参照）が必要です。

QRコードでグループに招待する

① P.106手順①〜④を参考にグループの「友だちを選択」画面を表示し、[QRコード]をタップします。

② グループ招待用のQRコードが表示されるので、相手に「ホーム」タブの検索欄右にある⛶から読み取ってもらいます。P.53手順②〜③を参考にQRコードをメールで送信することも可能です。

第6章　グループを活用しよう

Memo　URLでグループに招待する

URLでグループに招待するには、手順①の画面で[招待リンク]をタップします。手順②と同様の画面が表示されるので、[リンクをコピー]をタップします。URLがクリップボードにコピーされるので、招待したい相手にメールやチャットなどで共有します。

グループに参加しよう

グループに招待されると、「ホーム」タブの「グループ」欄に「招待されているグループ」が追加されます。招待されたグループに参加を表明し、グループに仲間入りをして、グループのメンバーと交流をしましょう。

招待されたグループに参加する

① ［ホーム］をタップし、［グループ］をタップします。

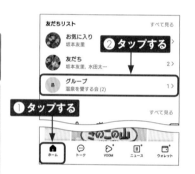

② ［招待されているグループ］→招待されている任意のグループの順にタップします。

③ ［参加］をタップします。

④ ［グループ表示］（iPhoneの場合は［グループを見る］）をタップします。

⑤ グループのトークルームが表示されます。

第6章　グループを活用しよう

グループにメッセージを送信しよう

グループを作成すると、所属するメンバーだけでコミュニケーションをとることができます。メンバーの共通の話題でメッセージをやり取りするときに、スムーズに情報交換を行うことができるので便利です。

🗨 グループトークを始める

(1) [ホーム] をタップし、[グループ] をタップします。

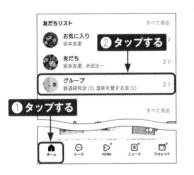

(2) メッセージを送りたいグループをタップします。

(3) [トーク] をタップします。

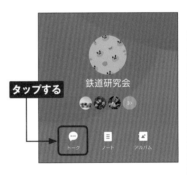

(4) メッセージを入力し、▶をタップします。

109

64

リプライで特定のメッセージに直接返信しよう

複数人でのトークに返信しようとしたときに、別のメッセージが送信されて、返信をしたいメッセージが流れてしまうことがあります。特定のトークに直接返信したい場合は、リプライ機能を活用しましょう。

💬 特定のトークにリプライする

(1) Sec.63を参考にグループのトークルームを表示し、リプライしたいメッセージを長押しします。

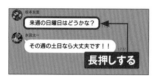

(2) [リプライ] をタップします。

(3) 返信内容を入力し、▶をタップします。

(4) リプライが送信されます。

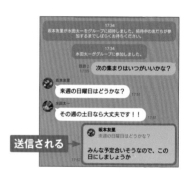

Memo リプライをすばやく行う

手順①の画面でリプライしたいメッセージを左方向にスワイプすることでも、手順③の画面が表示されます。

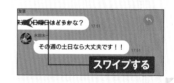

65 メンションで特定の友だち宛にメッセージを送信しよう

グループのトークルームでメッセージをやり取りするときに、特定の友だちを指定してメッセージを送ることができます。グループのメンバー全員に共通する内容ではない場合は、友だちを指定してメッセージを送りましょう。

トークのメンション機能を使う

(1) Sec.63を参考にグループのトークルームを表示し、入力欄をタップします。

(3) メンション相手は青字で表示されます。メッセージの内容を入力し、▶をタップします。

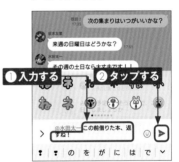

(2) 半角で「@」と入力すると、グループのメンバーが表示されるので、指定したいメンバーをタップします。

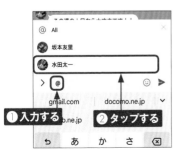

(4) 指定した友だちにメッセージが送信されます。

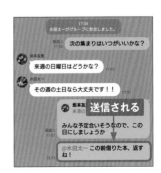

111

グループでアルバムを使おう

グループでも写真のアルバムを作成することができます。グループのメンバーと共有したい写真は、アルバムにまとめてみましょう。ここでは、グループでアルバムを作成する方法と閲覧する方法を紹介します。

グループのアルバムを作成する

(1) Sec.63を参考にアルバムを作成したいグループのトークルームを表示し、☰をタップします。

(2) [アルバム] をタップします。

(3) ⊕をタップします。

(4) 任意の写真の丸印をタップし、[次へ] をタップします。

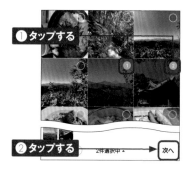

(5) アルバム名を入力し、[作成] をタップすると、アルバムが作成されます。

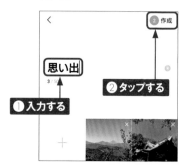

グループのアルバムを閲覧する

① P.112手順①〜②を参考に「アルバム」画面を表示し、作成したアルバムをタップします。

③ 写真が表示されます。

Memo アルバム内の写真を追加／保存する

グループで作成したアルバムの写真は、P.45Memoの方法で追加／保存することができます。

② アルバムに入っている写真が一覧で表示されます。任意の写真をタップします。

Memo トークルームの写真をアルバムに追加する

トークルーム内の写真をアルバムに追加するには、写真を長押しして[アルバム]をタップし、アルバムに追加したい写真をすべて選択してから[追加]をタップし、追加先のアルバムをタップして、[追加]をタップします。

投票機能でアンケートをとろう

グループのトークでは、「投票」という機能を利用して、グループ内でアンケートをとることができます。なかなか目的が決定しないときなどに、多数決で決定できる投票機能を利用しましょう。

💬 アンケートを作成する

1 Sec.63を参考にグループのトークルームを表示し、＋→［投票］→［投票を作成］（2回目以降は●）の順にタップします。

2 「質問内容」「選択肢」を入力します。

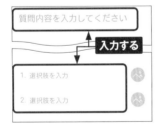

3 任意の項目をタップしてチェックを付けます。

4 ［完了］をタップします。

5 アンケートが作成されます。

🗨 アンケートに投票する

1 Sec.63を参考にグループのトークルームを表示し、アンケートの [投票する] をタップします。

2 任意の選択肢の をタップします。

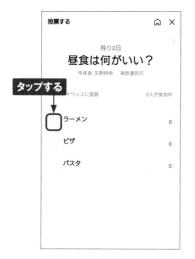

3 タップした選択肢の にチェックが付きます。[投票] をタップします。

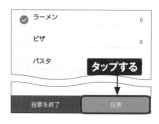

4 投票を終了するには、アンケート作成者が [投票を終了] → [終了] の順にタップします。

Memo 投票結果を見る

P.115手順①の画面で [投票] をタップし、結果を見たいアンケートをタップして選択すると、投票結果が表示されます。

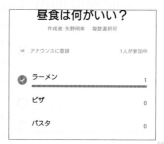

Section

68

重要な情報をノートに保存しよう

グループでも「ノート」機能（Sec.50参照）が利用できます。大事なメモを共有したり、メンバーからのメッセージを保存したりしたいときなどに便利です。ノートには保存期限がなく、グループのメンバーであれば誰でも閲覧・投稿ができます。

💬 グループのノートを作成する

① Sec.63を参考にノートを作成したいグループのトークルームを表示し、☰をタップします。

③ [ノートを作成] もしくは ⊕ → [投稿] の順にタップします。

② [ノート] をタップします。

④ ノートに保存したい内容を入力し、[投稿] をタップします。

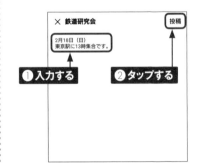

⑤ ノートが投稿されます。以降は、P.116手順①〜②の操作でノートが表示できます。

⑥ 投稿されたノートはトークルームにも表示されます。

投稿される

表示される

Memo **特定のメッセージをノートに保存する**

大切なメッセージをノートに保存したい場合は、トークルームを表示し、保存したいメッセージを長押しします。[ノート] → [ノート] → [投稿] の順にタップすると、メッセージがノートに投稿されます。

117

Section

69

イベントの日程調整を しよう

LINEでは、トークルームごとに予定を作成できる「イベント」機能を利用できます。同窓会や飲み会など、複数の友だちと日程を調整したいときに活用してみましょう。ここでは、イベントを作成する方法と、日程を回答する方法を解説します。

イベントを作成する

第6章 グループを活用しよう

1 Sec.63を参考にグループのトークルームを表示し、＋→［日程調整］の順にタップします。

2 イベント名を入力し、イベント内容を入力したら、［日程選択］をタップで日程を選択し、［選択］をタップします。

3 ［メンバー招待］をタップします。なお、日程の横の［削除］をタップすると、日程を削除できます。

4 メッセージを入力し、［送信］→［OK］の順にタップすると、イベントが作成され、トークルームに送信されます。

118

招待メッセージから日程を回答する

(1) イベントが作成されるとトークルームに通知されます。[今すぐ確認]をタップします。

(2) ほかのメンバーの回答結果が一覧で表示されます。[回答する]をタップします。

(3) [○][△][×]をタップして選択し、必要であればコメントを入力して、[選択]をタップします。

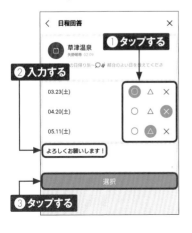

(4) 回答が完了します。[OK]をタップします。

Memo 回答を修正する

回答したあとに再度[今すぐ確認]をタップし、[回答内容を修正]をタップすると、回答内容を修正することができます。[○][△][×]をタップして選択し直したら、[選択]をタップして更新しましょう。予定が入ってしまったり、都合が悪くなってしまったりしたときに便利な機能です。また、P.119手順②の画面で、[コメント]をタップすると、ほかのメンバーのコメントが一覧で表示されます。参加可能な時間帯や持ち物などを書いておくと、みんなで共有できるので便利です。

グループメンバーを確認しよう

「グループ」画面では、グループに参加しているメンバーを確認することができます。また、「メンバー」画面から、グループに参加しているメンバーのプロフィールを個別に確認することもできます。

💬 グループメンバーを確認する

① [ホーム] をタップし、[グループ] をタップしたら、任意のグループをタップします。

② メンバーのプロフィールアイコンもしくは（メンバー数）をタップします。

③ グループに参加しているメンバーが表示されます。メンバーのプロフィールを確認する場合は、任意のメンバーをタップします。

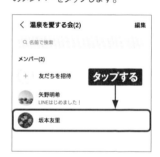

④ メンバーのプロフィールが表示されます。

71

グループで音声通話しよう

グループでも通話を無料で行うことができます。1人が通話を始めて、ほかの人も参加を表明することで時間無制限で最大500人までの通話が可能です。グループのメンバーと同時に話したいときに利用すると便利です。

グループで音声通話をする

(1) Sec.63を参考に音声通話したいグループのトークルームを表示し、📞をタップします。

(2) [音声通話]をタップします。

(3) グループ通話の画面が表示され、通話が開始されます。グループ通話から離脱したい場合は、[退出]をタップします。

Memo グループ音声通話に参加する

通話に参加していないメンバーの端末で、画面上部、または通知の[参加]→[参加]の順にタップすると、グループ音声通話に参加できます。

グループで ビデオ通話しよう

グループのメンバーの顔を見ながらコミュニケーションしたいときは、グループビデオ通話が便利です。LINEのグループビデオ通話は、最大で500人まで時間無制限で無料で行えます。

グループでビデオ通話をする

1 Sec.63を参考にグループのトークルームを表示し、📞→ [ビデオ通話] の順にタップします。

2 [参加] をタップします。

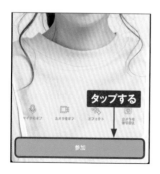

3 ビデオ通話が開始されます。[退出] をタップすると、グループビデオ通話が終了します。

Memo ビデオ通話中に 表示されるアイコン

ビデオ通話中は、画面上部と下部にアイコンが表示され、タップして画面を操作できます。

⋮	参加メンバーの確認や画面の向きの設定ができます。
⊞	画面の表示方法をフォーカス表示に切り替えます。同じ場所に表示される⊞をタップするとグリッド表示に戻ります（Androidスマートフォンのみ）。
▣	ビデオ通話画面を縮小します（iPhoneのみ）。
◎	前面側カメラと背面側カメラを切り替えます。

グループの背景デザインを変更しよう

グループでも、トークルームの背景デザインを変更することができます。ここでは、Sec.41で紹介したトークルームの背景デザインの変更方法をおさらいしつつ、グループの背景デザインを変更する方法を紹介します。

グループの背景デザインを変更する

1 Sec.63を参考にグループのトークルームを表示し、≡→［設定］の順にタップします。

2 ［背景デザイン］をタップします。

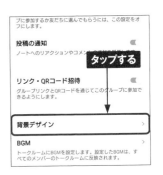

3 「背景デザイン」画面が表示されるので、P.80手順④〜⑤を参考にトークルームの背景を変更します。

4 グループのトークルームの背景デザインが変更されます。

グループのアイコンを変更しよう

グループを作成すると、アイコンが自動的に設定されますが、ほかのアイコンに変更したり、オリジナルの写真をアイコンに設定したりすることもできます。なお、アイコンの変更は、グループのメンバーであれば誰でも行えます。

💬 グループのアイコンを変更する

1 Sec.63を参考にグループのトークルームを表示し、☰をタップします。

2 [設定] をタップします。

3 グループのアイコンをタップします。

4 [プロフィール画像を選択] をタップします。

(5) グループのアイコンにしたい画像をタップします。ここでは、オリジナルの写真をアイコンにしたいので[写真を選択]をタップします。

タップする

カメラで撮影　写真を選択

(6) グループのアイコンにしたい写真をタップします。

タップする

(7) 四隅を上下左右にドラッグして写真の表示範囲を調節し、[次へ]をタップします。

①ドラッグする

②タップする

次へ

(8) [完了]をタップすると、グループのアイコンが変更されます。

モザイク・ぼかし

フィルター

タップする　完了

125

グループ名を変更しよう

グループを作成したときに設定したグループ名は、あとから変更することができます。
間違えて登録してしまった場合などは修正しましょう。なお、グループ名の変更は、
グループのメンバーであれば誰でも行えます。

💬 グループ名を変更する

① Sec.63を参考にグループのトークルームを表示し、☰ をタップします。

② [設定] をタップします。

③ [グループ名] をタップします。

④ 任意のグループ名を入力し、[保存] をタップすると、グループ名が変更されます。

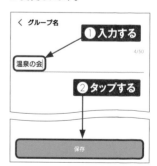

不要なグループから退会しよう

参加しているグループが増えてくると、煩雑になり対応が面倒になるかもしれません。不要なグループからは退会してしまうとよいでしょう。なお、自分が退会したことはグループトークに表示されるので、ほかのメンバー全員に通知されます。

グループを退会する

(1) Sec.63を参考にグループのトークルームを表示し、≡をタップします。

(2) [退会] をタップします。

(3) [はい] (iPhoneの場合は [退会]) をタップすると、グループを退会します。退会したグループの履歴はすべて削除されます。ほかのメンバーのグループトークには、自分が退会したことが表示されます。

Memo グループ参加者を退会させる

グループ参加者を退会させたい場合は、P.128手順①〜②を参照してください。なお、誰が誰を退会させたかは、メンバーのグループトークに表示されます。

不要なグループを
削除しよう

自分が作成したグループを誰も利用しなくなってしまうことが、ときおりあります。グループを利用することはないと判断したら、ほかのメンバーの承諾を得てから全員退会させて、作成したグループを削除しましょう。

💬 グループを削除する

① Sec.70を参考にグループの「メンバー」画面を表示し、[編集]をタップします。

② メンバー全員の [削除] → [はい] の順にタップし、メンバー全員を退会させます。iPhoneの場合は ●→ [削除] → [削除] → [完了] の順にタップします。

③ Sec.63を参考にグループのトークルームを表示し、☰をタップします。

④ [退会] → [はい]（iPhoneの場合は [退会] → [退会]）の順にタップすると、自分の退会が完了し、グループが削除されます。

第 **7** 章

LINEをもっと
使いこなそう

Section

78

LYPプレミアムの特典を利用しよう

LYPプレミアムとは、さまざまなサービスや特典を利用できる有料のメンバーシッププログラムです。アプリからの加入のほか、Yahoo! JAPANですでにLYPプレミアムに加入している場合、アカウントを連携することで利用を開始できます。

LYPプレミアムとは

「LYPプレミアム」とは、「Yahoo!プレミアム」がアップグレードした、特別なサービスや特典を受けられる有料のメンバーシッププログラムです。2023年10月1日、LINEとヤフーが1つに統合し、LINEヤフー株式会社になったことで、LINEでも特典を利用できるようになりました。LYPプレミアムに加入することで、以下の特典を利用できます。

「LINE」アプリ	1,200万種類以上の対象スタンプが使い放題になる（LINEスタンププレミアムのベーシックコースに相当）。
	アルバムに動画や写真をオリジナル画質のまま保存・共有できる。
	LYPプレミアム会員限定のフォントが使える。
	着信音・呼出音を好きな音楽に設定できる。

「LINE」アプリからの加入（P.131参照）で「LYPプレミアム:月額プラン650円（税込）」を利用開始でき、「Play ストア」「App Store」それぞれの決済方法に対応しています（「Yahoo!ウォレット決済」が利用できるWeb版は月額508円（税込））。なお、LINEスタンププレミアムのベーシックコース（P.72参照）に加入している場合、支払いが重複してしまうため、事前にベーシックコースの解約を行っておきましょう。デラックスコースを契約している場合も引き続き、支払いが重複するため必要に応じて解約手続きを行います。また、すでにYahoo! JAPANでLYPプレミアム（旧Yahoo!プレミアム）を利用中の場合、「LINE」アプリとYahoo! JAPAN IDを連携（P.132参照）することで、LINEでもLYPプレミアムを利用することができるようになります。そのほかに、ソフトバンク回線、ワイモバイル回線、PayPayカードゴールドを使用している場合、必要な手続きを行うことでLYPプレミアムの特典を利用できます。詳しくは、LYPプレミアムのヘルプページ（https://support.yahoo-net.jp/PccPremium/s/article/H000011288）を参照してください。

📧 LYPプレミアムに加入する

1 [ホーム]をタップし、⚙をタップします。

2 [LYPプレミアム]をタップします。

3 [LYPプレミアムを詳しく見る]をタップします。

4 初回は[3カ月の無料体験をはじめる]をタップします。

5 [今すぐ無料体験をはじめる]をタップし、次の画面で決済方法を設定し、画面の指示に従って操作します。

Memo LYPプレミアムを解約する

LYPプレミアムを解約するには、手順③の画面で[登録情報]をタップし、[解約する]→[解約する]の順にタップします。記載内容への同意にタップしてチェックを付け、[解約する]をタップします。

🗨 Yahoo! JAPAN IDを連携する

すでにYahoo! JapanでLYPプレミアムを利用している場合や、ソフトバンクやワイモバイルのユーザーがLYPプレミアムを利用する場合は、Yahoo! JAPAN IDとの連携を行うことで、LYPプレミアムの特典が利用できるようになります。

(1) ［ホーム］をタップし、⚙をタップします。

(2) ［account center］をタップします。

Memo アカウント連携に必要な条件

アカウントの連携の際、Yahoo! JAPAN IDにSMSが受信可能な携帯電話番号を登録しておく必要があります。なお、1つのLINEアカウントに対して、1つのYahoo! JAPAN IDのみを連携できます。

(3) ［Yahoo! JAPAN IDと連携する］をタップします。iPhoneの場合は［Yahoo! JAPAN IDと連携する］→［続ける］の順にタップします。

(4) ログインしているYahoo! JAPAN IDを確認し、［連携する］→［閉じる］の順にタップします。Yahoo! JAPANへのログインを求められたら［次へ］をタップし、画面の指示に従って操作します。

⑤ Yahoo! JAPAN IDの連携が完了します。

Memo アカウント連携の特典

「LINE」アプリとYahoo! JAPAN IDを連携することで「Yahoo!カレンダーをLINEの友だちと共有できる」「Yahoo!ショッピングでの買い物でPayPayポイントを獲得できる」「Yahoo!ショッピングやPayPayグルメの通知をLINEで受け取れる」ほか、LYPプレミアム会員であれば、LINEおよびヤフーの両方でプレミアム特典を利用することができます。

🗨 LYPプレミアムでスタンプ使い放題を利用する

① P.66手順①〜②を参考に、スタンプショップ」画面を表示し、[プレミアム]をタップします。

② 🅿が表示されている任意のスタンプをタップします。

③ [無料ダウンロード（プレミアム限定）]をタップすると、スタンプのダウンロードが始まります。

④ ダウンロードが完了します。[OK]をタップすると、手順③の画面に戻ります。

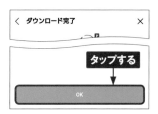

79

LINE VOOMで
ショート動画を見よう

「LINE VOOM」とは、LINE画面下部の「VOOM」タブから表示できる動画プラットフォームです。フォローしたアカウントやおすすめの動画を視聴して、コンテンツを楽しむことができます。

💬 LINE VOOMとは

「LINE VOOM」とは、LINEユーザーや企業の公式アカウントなどが投稿したショート動画を閲覧できるサービスです。お気に入りのクリエイターのアカウントをフォローしたり、コメントやリアクションをしたりして、つながることができます。また、自分でアカウントを作成すれば、フォロワーに向けてコンテンツを発信することも可能です。24時間で投稿が自動的に削除される「ストーリー」機能も、VOOMから利用できます。

「おすすめ」タブでは、フォローしていないアカウントの動画がおすすめとして表示されます。動画へのリアクションのほか、投稿者のアカウントのフォロー、コメントの閲覧や投稿、友だちへの共有が可能です。また、動画を撮影し、投稿することもできます。

「フォロー中」タブでは、フォローしているアカウントの投稿や「ストーリー」の閲覧をはじめ、リアクションやコメントを付けることができます。動画の投稿はもちろんのこと、画像を添付したり文章を書いたりして投稿を作成し、自分の近況を発信することも可能です。

📇 ショート動画を見る

(1) [VOOM] をタップします。

(2) VOOMの「おすすめ」タブが表示されます。LINE VOOMに投稿された人気のショート動画などが自動的に再生されます。

(3) 画面を上方向にスワイプすると、別のショート動画が再生されます。ショート動画の投稿ユーザーをフォローしたいときは、[フォロー]をタップします。「フォロー機能のヒント」画面が表示されたら[OK]をタップします。

(4) 表示が「フォロー中」に変更され、ユーザーのフォローが完了します。今後は、「フォロー中」タブから投稿を確認できます。

Memo フォローリストを見る

アカウントのフォローを解除したいときは、手順④の画面で[フォロー中]をタップします。また、手順②の画面で🔍をタップして、「LINE VOOM」画面を表示したら、⚙→[フォローリスト]の順にタップすると「フォロー中」「フォロワー」をそれぞれ一覧で確認できます。

135

80

LINE Payで買い物しよう

LINE Payは、LINEが提供するモバイル決済サービスです。LINE Payに登録してお金をチャージすると、友だちどうしでお金を送金しあったり、お店やオンラインショップで買い物をするときに、キャッシュレスで支払いをしたりすることができます。

LINE Payでできること

●支払い・決済

LINE PayのQRコードやバーコードを提示・読み取ることで決済できる「コード支払い」のほか、「タッチ決済」「オンライン支払い」「請求書支払い」に対応しています。

●送金・送付

LINE Payのメニューや友だちとの1対1のトークルームから送金したり、友だちに送金・送付依頼の連絡ができたりします。また、個人や法人の銀行口座に振り込むことも可能です。

●チャージ

「銀行口座」「セブン銀行ATM」「ローソン銀行ATM」など好きなチャージ方法を選んで残高にチャージできます。なお、手数料は無料です。

Memo　LINE Payの本人確認

LINE Payで本人確認を行うと、銀行口座を登録してチャージや出金したり、オートチャージ機能を利用できたりします。本人確認を行うには、P.137右の手順②の画面で⚙→［本人確認］→［本人確認］の順にタップし、画面の指示に従って操作します。

🗨 LINE Payを利用する

●LINE Payに登録する

1 [ウォレット] をタップし、[今すぐLINE Payをはじめる] をタップします。

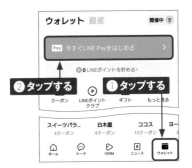

2 [はじめる] をタップします。

3 規約の ◯ をタップしてチェックを付け、[新規登録] をタップします。

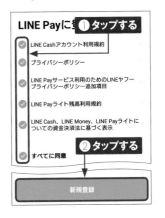

●LINE Payにチャージする

1 左の手順①の画面で [Pay] をタップします。

2 [チャージ] をタップします。

3 任意のチャージ方法をタップして選択し、画面の指示に従って操作します。

LINEポイントを
貯めよう

「LINEポイント」とは、用意されたミッションをクリアすることで楽しくポイントを貯められるサービスです。LINEポイントを貯めることで、ギフト券やスタンプなどとの交換やLINE Payなどでの支払い時に利用できます。

💬 LINEポイントを入手する

1 P.137手順①の画面で［LINEポイントクラブ］をタップします。表示されない場合は、［もっと見る］をタップします。

2 「LINEポイントクラブ」画面が表示されます。任意のミッションをタップします。

3 記載されている条件をタップし、クリアするとポイントを獲得できます。

Memo LINEポイントを使う

手順②の画面で［使う］をタップすると、LINEポイントが利用できます。貯めたLINEポイントは、ギフト券やスタンプ、着せかえなど、さまざまなアイテムへの交換が可能です。なお、ポイントの有効期限は取得後180日間のため、注意しましょう。

お得なクーポンを チェックしよう

「LINEクーポン」を活用すると、いつもの買い物をお得に行えるクーポンを多数入手することができます。よく行くお店がある場合は定期的にチェックしておくとよいでしょう。

LINEクーポンをチェックする

1 [ウォレット] をタップします。

2 [クーポン] をタップします。表示されない場合は、[もっと見る] をタップします。

3 お知らせが表示される場合は [このお知らせを閉じる] をタップします。初回は同意事項が表示されるので、[同意してはじめる] をタップします。

4 各種クーポンが表示されます。クーポンをタップすると、お店で利用できます。

83

天気予報や防災情報を届けてもらおう

LINEでは、天気予報や防災情報などを指定した時間に届けるよう設定できます。あらかじめ、公式アカウント（Sec.84参照）の「LINEスマート通知」を友だち追加したうえで、トークルームから設定します。

💬 LINEスマート通知を設定する

① Sec.84を参考に公式アカウントの「LINEスマート通知」と友だちになります。

② Sec.10を参考に「LINEスマート通知」のトークルームを表示します。

③ [スマート通知設定] をタップします。

タップする

Memo LINE NEWS

LINEでは、「ニュース」タブ（P.23参照）から最新情報を確認できます。また、公式アカウントの「LINE NEWS」を友だち追加しておくことで、最新ニュースからエンタメ情報まで幅広いジャンルの情報をダイジェストで1日4回届けてくれます。

④ 設定したい通知（ここでは［天気予報］）をタップします。

⑤ 「地域の設定」の［未設定］をタップします。

⑥ 画面の指示に従って地域を設定し、［設定する］をタップします。

⑦ 初回は［OK］をタップします。

⑧ 通知がオンに設定されます。必要に応じて、配信期間などを設定します。

Memo 通知をオフにする

設定した通知が不要になった場合は、通知をオフにしましょう。手順⑤の画面で［天気予報の通知を受け取る］をタップし、 を にすると、通知をオフにできます。

141

公式アカウントを活用しよう

LINEには、企業などが開設した公式アカウントが多数登録されています。公式アカウントを友だちに追加すると、クーポンやセールといったお得なお知らせを配信してくれます。ぜひ友だちに追加してみましょう。

公式アカウントを追加する

① [ホーム] をタップし、「サービス」の [すべて見る] をタップします。

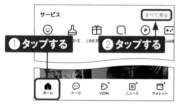

② [公式アカウント] をタップします。

③ 「LINE公式アカウント」画面が表示されるので、任意の公式アカウントを探してタップします。

④ アカウント名の横に公式アカウントであることを示すアイコンが表示されているのを確認し、[追加] をタップして、×をタップします。

⑤ [トーク] をタップして、追加した公式アカウントのトークをタップすると、内容を確認できます。

便利な公式アカウント

公式アカウントには、さまざまなジャンルのアカウントが登録されています。友だちに追加して、役立つ情報を受け取りましょう。ここでは、追加しておくと便利な公式アカウントを紹介します。

	アカウント名	説明
LINEチーム	LINEチーム	LINEの公式アカウントです。LINEの新しい機能の紹介やアップデートのお知らせなど、最新のニュースが発信されています。
LINEスタンプ	LINEスタンプ	LINEスタンプのほか、絵文字や着せかえなどの最新情報を配信しています。新着の無料スタンプ、スタンプや着せかえのランキングなど、おすすめ情報を確認できます。
?	LINEかんたんヘルプ	LINEでわからないことや困ったことをトークルームで質問すると、AIが回答してくれます（Sec.104参照）。
首相官邸	首相官邸	ニュースや政策情報などが配信されるほか、災害時や新型コロナ・インフルエンザの流行時にメッセージが届きます。

Memo 追加していない公式アカウントから通知が来る？

LINEには、日本郵便やヤマト運輸、佐川急便などから荷物の配送予定を通知で受け取れるほか、公共料金の案内や航空機の遅延や欠航など、企業の公式アカウントからメッセージが届く「LINE通知メッセージ」機能があります。これは、企業の公式アカウントを友だちに追加していなくても、LINEに登録している電話番号と企業からの送付先などの電話番号が同じであれば、通知してくれるサービスです。その場合、電話番号の認証が必要なことがあるので、公式アカウントであることを確認し、画面の指示に従って認証を行ってください。LINE通知メッセージを受信できるようにするには、「ホーム」タブで⚙をタップし、［プライバシー管理］→［情報の提供］→［LINE通知メッセージ］の順にタップして、「LINE通知メッセージを受信」の○－（iPhoneの場合は○）をタップしてオンにします。なお、送信元の公式アカウントをブロックしている場合、通知は届きません。

Memo 公式アカウントを非表示にする

公式アカウントからの情報が必要なくなったり、通知が煩わしく感じたりする場合は、Sec.96を参考にブロックしたり、Sec.33を参考に通知をオフにしたりするとよいでしょう。

外国語を翻訳しよう

外国語を翻訳してくれる公式アカウントを友だちにすると、トークに送信した外国語や日本語を即座に翻訳して返信してくれます。ここでは、「LINE英語通訳」で英語を翻訳する方法を紹介します。

外国語を翻訳する

1 Sec.84を参考に公式アカウントの「LINE英語通訳」と友だちになります。

🛡 LINE英語通訳

2 Sec.10を参考に「LINE英語通訳」のトークルームを表示します。

< LINE英語通訳　　Q 目 ≡

今日

友だち追加ありがとうございます。

通訳が必要な内容をトークに入力すると、通訳した内容が返信されます。

3 😊をタップし、翻訳したい言葉（ここでは「hello」）を入力し、▶をタップします。

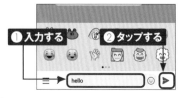

❶入力する　　❷タップする

≡ > hello 😊 ▶

4 送信した言葉の翻訳結果が返信で表示されます。

hello

こんにちは

表示される

≡ > 😊 🎤

Memo 外国語でのトークを通訳する

友だちに外国語でメッセージを送りたいときや、友だちから送られてくる外国語のメッセージを翻訳したいときは、Sec.59やSec.60を参考に「LINE英語通訳」のような通訳アカウントをグループに追加することで通訳の役割をしてくれます。

Good luck with tomorrow's speach!

LINE英語通訳

明日のスピーチ頑張ってください！

86

カメラで撮影した文字を
読み取って翻訳しよう

LINEの「文字認識」機能を利用すると、カメラで撮影した外国語をすばやく日本語に翻訳することができます。また、日本語を英語やそのほかの外国語に翻訳することも可能です。

💬 カメラで撮影した文字を読み取って翻訳する

(1) ［ホーム］をタップし、⚙をタップします。

矢野明希
LINEはじめました！
♪ BGMを設定
❷ タップする
❶ タップする

ホーム　トーク　VOOM　ニュース　ウォレット

(2) ［文字認識］をタップします。

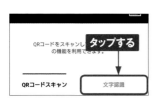

QRコードをスキャンして の機能を利用できます。
タップする

QRコードスキャン　文字認識

(3) ◉をタップして翻訳したい外国語を撮影します。

タップする
写真を撮影して文字を認識し、翻訳してみよう！

(4) ［同意］をタップすると、文字が認識されます。［日本語に翻訳］をタップします。

写真に翻訳を表示

英語を検出　コピー

Good bye　**タップする**

🌐 日本語に翻訳　　シェア

(5) 認識された文字が日本語に翻訳されます。［コピー］をタップすると、翻訳した文字をコピーすることができます。

英語を検出　コピー

Good bye　**タップする**

日本語に翻訳　コピー

さようなら

145

大人数で
ビデオ会議をしよう

LINEでは大人数でビデオ通話も開催でき、参加できる人数は、自分を含めて最大500人までです。招待リンクを送ることで、友だちではない人やLINEを使っていない人でも参加できます。なお、招待リンクの有効期限は90日間です。

ミーティングを作成する

(1) [トーク] をタップし、🎧をタップします。

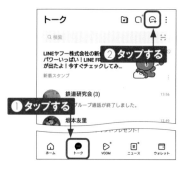

(2) [ミーティング] をタップします。

(3) [ミーティングを作成] をタップします。

(4) ミーティングが作成されます。ミーティング名を編集したいときは✐をタップします。

ミーティングの招待リンクを送信する

(1) P.146手順④の画面で［招待］をタップします。

(2) ここでは、友だちではない人にメールで招待リンクを送ります。［他のアプリ］をタップします。

(3) 招待リンクを送るメールアプリ（ここでは、[Gmail]）をタップします。

(4) メールが作成されるので宛先や件名を入力し、▷をタップして送信します。

Memo ミーティングを開始する

P.146手順④の画面で［開始］→［参加］→［確認］の順にタップするとミーティングを開始できます。通話中に表示されるアイコンや退出方法は、P.122を参照してください。

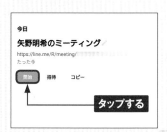

88 ビデオ通話時の自分の顔にエフェクトをかけよう

LINEのビデオ通話では、画面にフィルターを適用できるほか、背景を変更したり、自分の顔にエフェクトをかけたりすることができます。必要に応じてビデオ通話時に適用し、楽しくビデオ通話しましょう。

ビデオ通話時の自分の顔にフィルターをかける

(1) P.47手順③やP.122手順③のビデオ通話画面で［エフェクト］をタップします。エフェクトが確認しづらい場合は、画面左上の自分の画面をタップすると相手の表示と入れ替えることができます。

(2) ［フィルター］をタップし、任意のフィルターをタップすると画面のフィルターを変更できます。

(3) ［背景］をタップし、任意の背景エフェクトをタップすると背景を変更できます。

(4) ［顔エフェクト］をタップし、任意の顔エフェクトをタップすると自分の顔を装飾できます。選択した顔エフェクトをもう一度タップすると、装飾を外すことができます。

オープンチャットで会話を楽しもう

「オープンチャット」は、友だち以外のユーザーどうしでトークができるコミュニケーション機能です。オープンチャットにはさまざまなテーマのトークルームが作成されており、トークルームごとにプロフィールを設定することもできます。

💬 オープンチャットに参加する

1 [トーク] をタップし、◯をタップします。

2 オープンチャットの説明が表示される場合は×をタップします。画面を上方向にスワイプし、任意のカテゴリーをタップします。

3 参加したいトークルームをタップし、[新しいプロフィールで参加] をタップします。

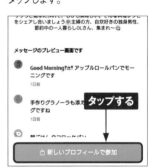

4 初回は「利用規約とポリシーに同意」画面が表示されるので、[同意] をタップし、画面の指示に従って操作し進めます。

目にやさしいダークモードで使おう

スマートフォンの「設定」アプリでダークモード（ダークテーマ）を設定すると、LINEもダークモードになり、黒を基調とした配色になります。これにより、長時間スマートフォンを利用しても目が疲れにくくなります。

Androidスマートフォンでダークモードを設定する

1 Androidスマートフォンの「設定」アプリで［画面設定］をタップします。

2 「ダークモード」の ● をタップします。

3 Androidスマートフォンがダークテーマに設定され、「LINE」アプリもダークモードになります。

Memo　iPhoneでダークモードを設定する

iPhoneの場合、iPhoneの「設定」アプリで［画面表示と明るさ］→［ダーク］の順にタップしてダークモードを設定します。

第 **8** 章

LINEを安心・安全に
使おう

友だちを自動で追加しない／されないようにしよう

友だちを自動で追加しない／されないようにするためには「友だち自動追加」と「友だちへの追加を許可」をオフに設定しましょう。なお、本書で紹介したアカウント登録手順ではあらかじめオフに設定していますが、念のため確認しておきましょう。

友だちを自動追加しないようにする

① ［ホーム］をタップし、⚙をタップします。

③ ［友だち自動追加］（iPhoneの場合は●）をタップします。

② 画面を上方向にスワイプし、［友だち］をタップします。

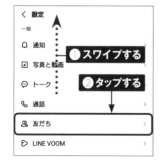

④ 「友だち自動追加」が無効になり、友だちを自動追加しないようになります。

💬 友だちに自動追加されないようにする

① ［ホーム］をタップして、⚙をタップします。

❶タップする
❷タップする

② 画面を上方向にスワイプし、［友だち］をタップします。

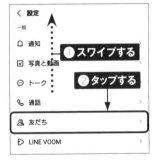

❶スワイプする
❷タップする

③ ［友だちへの追加を許可］（iPhoneの場合は🔵）をタップします。

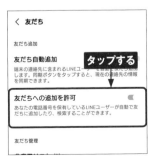

タップする

④ 「友だちへの追加を許可」が無効になり、友だちに自動追加されないようになります。

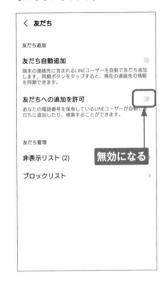

無効になる

Memo 不特定の相手に友だちに追加されないようにする

相手が自分の電話番号をアドレス帳に登録している場合も、「友だちへの追加を許可」を無効にしておけば、自動的に友だちに追加されることはなくなります。また、自分のスマートフォンのアドレス帳には登録していても、LINEではつながりたくない相手がいる場合は、アドレス帳に登録する際に、名前の前に半角で「#」を付けると、「友だち自動追加」の対象から除外されます。

LINE IDで
検索されないようにしよう

LINE IDで自分を検索されないようにするためには、「プロフィール」画面から、「ID
による友だち追加を許可」を無効に設定します。なお、本書で紹介したアカウント
登録手順では、LINE IDを設定しない前提で解説しています。

LINE IDで検索されないようにする

1 [ホーム] をタップし、⚙をタップ
します。

2 [プロフィール] をタップします。

3 画面を上方向にスワイプし、
[IDによる友だち追加を許可]
（iPhoneの場合は●）をタップ
します。

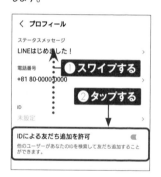

4 「IDによる友だち追加を許可」が
無効になり、LINE IDで検索され
ないようになります。

不審なメッセージや
迷惑な人を通報しよう

明らかに不審なメッセージが届いたり、迷惑行為があったりする場合は、LINEに通報しましょう。通報すると、LINE側が調査を行い、不審なメッセージを送ったり、迷惑行為を行ったりした相手のアカウント削除などの対応を行ってくれます。

不審なメッセージや迷惑な人を通報する

(1) Sec.10を参考に、明らかに不審なメッセージを送ってきたり、迷惑行為を行ったりしてきた相手のトークルームを表示し、[通報]をタップします。

(2) 通報する理由をタップして選択し、[同意して送信]をタップします。

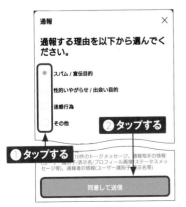

(3) [ブロック]をタップすると、相手からのメッセージは受信できなくなります。

Memo 通報するとどうなる?

不審な人を通報すると、LINEの運営側に通知され、通報内容に基づいて調査されます。悪質であると判断された場合は、通報されたアカウントが削除されます。なお、通報したことが相手に知られる心配はありません。

94

知らない人からメッセージが届かないようにしよう

LINEには、友だち以外からのメッセージの受信を拒否する機能があります。友だちのみとメッセージのやり取りをしたい場合は、知らない人からのメッセージが届かないように設定しましょう。

💬 知らない人からメッセージが届かないようにする

① 「ホーム」タブで⚙→［プライバシー管理］の順にタップします。

② ［メッセージ受信拒否］（iPhoneの場合は◯）をタップします。

③ 「メッセージ受信拒否」が有効になり、友だち以外の人からのメッセージが届かなくなります。

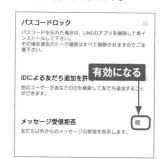

Memo メッセージ受信拒否中にメッセージが届いた場合

「メッセージ受信拒否」をオンからオフにしても、オンにしている間に届いたメッセージは表示されません。送った相手はメッセージを受信拒否にしているかどうかわからないので、確実な知り合いからメッセージが届いている場合は、一時的にオフにしてからメッセージを再送してもらいましょう。

95

交流の少ない友だちを非表示にしよう

「ホーム」タブの友だちの一覧を見やすくしたいときは、普段あまり交流をしない友だちを非表示にしましょう。なお、友だちを非表示にしても、メッセージをやり取りすることは可能です。

友だちを非表示にする

(1) Sec.30を参考に「友だちリスト」画面を表示し、非表示にしたい友だちを長押しします。

(3) [非表示]をタップします。

(2) [非表示]をタップします。

(4) 非表示にした友だちが「友だち」欄に表示されなくなります。

迷惑な友だちを ブロックしよう

友だち自動追加などで意図せずに知らない相手を間違えて友だちに追加してしまったり、迷惑行為を行ったりする友だちがいる場合は、ブロックしていっさい交流できないようにしましょう。なお、ブロックしたことは相手に通知されません。

友だちをブロックする

1 Sec.30を参考に「友だちリスト」画面を表示し、ブロックしたい友だちを長押しします。

2 [ブロック] をタップします。

3 [ブロック] をタップします。

4 ブロックした友だちが「友だち」欄に表示されなくなります。

非表示やブロックを解除しよう

非表示にした友だちやブロックした友だちは、もとに戻して友だちリストに再表示することが可能です。間違えて非表示にしてしまったり、ブロックしてしまったりしたときは解除して再表示しましょう。

非表示を解除する

1 [ホーム] をタップし、⚙をタップします。

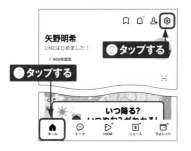

2 [友だち] をタップします。

3 [非表示リスト] をタップします。

4 非表示を解除したい友だちの [編集] をタップし、[再表示] をタップします。

Memo ブロックを解除する

ブロックを解除したいときは、手順③の画面で [ブロックリスト] をタップし、ブロックを解除したい友だちの [編集] をタップして [ブロック解除] をタップします。iPhoneの場合は　をタップしてチェックを付け、[ブロック解除] → [ブロック解除] の順にタップします。

159

迷惑な友だちを削除しよう

迷惑な友だちや間違えて登録してしまった友だちは、Sec.96を参考にブロックするのが一般的な対処方法ですが、完全につながりを断ちたい場合は、ブロックリストから相手を削除しましょう。

友だちを削除する

① P.159手順③の画面で［ブロックリスト］をタップします。

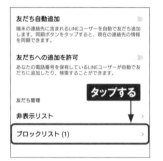

友だち自動追加

端末の連絡先に含まれるLINEユーザーを自動で友だち追加します。同期ボタンをタップすると、現在の連絡先の情報を同期できます。

友だちへの追加を許可

あなたの電話番号を保有しているLINEユーザーが自動で友だちに追加したり、検索することができます。

友だち管理

非表示リスト　　　　　　　　　　　　　　　　　>

タップする

ブロックリスト (1)　　　　　　　　　　　　　>

② ［編集］をタップします。iPhoneの場合は削除したい友だちの　をタップしてチェックを付けます。

< ブロックリスト

ブロックリストからアカウントを削除しても、そのアカウントをブロックしたままになります。削除したアカウントに連絡するには、ID検索やQRコードで友だち追加する必要があります。

水田太一　　　　　　　　　　　　　　　編集

タップする

③ ［削除］（iPhoneの場合は［削除］→［削除］）をタップすると、友だちが削除されます。

水田太一

ブロック解除

削除

タップする

Memo 友だちリストからの削除では不十分

友だちリストから削除したい友だちを長押しして、［削除］→［削除］の順にタップすることでも友だちを削除できますが、この場合はリストから削除されるだけでメッセージの送受信はできてしまいます。完全に削除したい場合は、ブロックリストから削除してください。

勝手に見られないように パスコードをかけよう

LINEのトーク内容や個人情報をほかの人に見られたくないときは、パスコードを設定して、勝手に見られないようにしましょう。パスコードを設定すると「LINE」アプリを起動するたびに、パスコードを入力する必要があります。

💬 パスコードを設定する

① [ホーム] をタップし、⚙をタップします。

② [プライバシー管理] をタップします。

③ [パスコードロック] (iPhoneでは　　) をタップして有効にします。

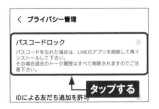

④ 設定したい任意の4桁の数字を入力します。

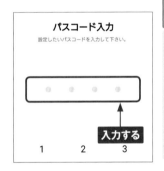

⑤ 手順④で入力した数字を再入力すると、パスコードが設定されます。なお、通知でメッセージ内容のプレビューがオンにならないことに関する画面が表示されたら、[確認] をタップします。

100

通知にメッセージ内容が表示されないようにしよう

LINEからの通知は、「LINE」アプリを起動せずにトークの内容を見ることができて便利ですが、ほかの人にメッセージ内容を見られてしまう可能性があります。気になる場合は、本文が表示されないように設定しましょう。

💬 通知にメッセージ内容が表示されないようにする

① 「ホーム」タブで⚙→［通知］の順にタップします。

② ［メッセージ内容を表示］（iPhoneの場合は🔘）をタップします。

③ 「メッセージ内容を表示」が無効になり、LINEからの通知にメッセージ内容が表示されないようになります。

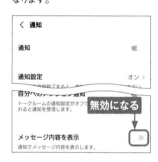

④ 通知のメッセージ内容とアイコンが表示されなくなります。

101 登録したパスワードを変更しよう

アカウント作成時に登録したパスワードは、あとから変更することができます。なお、登録したパスワードを確認することはできないので、パスワードを忘れてしまった場合もこの方法で変更します。

登録したパスワードを変更する

1 [ホーム]をタップし、⚙をタップします。

2 [アカウント]をタップします。

3 [パスワード]をタップします。指紋認証や顔認証を設定している場合は、認証を行います。

4 パスワードを2回入力し、[変更]をタップすると、パスワードが変更されます。

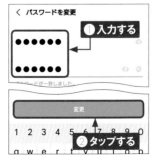

102

QRコードを更新して知らない人に登録されないようにしよう

自分のアカウントのQRコードが流出してしまうと、知らない人から友だち申請が届く可能性があります。そのような場合は、QRコードを更新しましょう。QRコードを更新すると、以前のQRコードと招待メールのURLは利用できなくなります。

💬 QRコードを更新する

第8章 LINEを安心・安全に使おう

1 ［ホーム］をタップし、⚞をタップします。

2 ［マイQRコード］をタップします。

3 ［更新］をタップします。

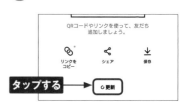

4 ［OK］をタップします。

5 QRコードが更新されます。

第 **9** 章

LINEの気になるQ&A

103

LINEの動作が
おかしいときは?

LINEを長く使っていると、表示が遅くなったり動作がおかしくなったりすることがあります。そういったときは一時データの削除やアプリのバージョンアップ、スマートフォンの再起動で改善する場合があります。

キャッシュやデータを削除する

(1) [ホーム] をタップし、⚙をタップします。

① タップする
② タップする

(2) [トーク] → [データの削除] の順にタップします。

< 設定

一般

タップする

🔔 通知　　　　　　　　　　　　>

🖼 写真と動画　　　　　　　　　>

💬 トーク　　　　　　　　　　　>

📞 通話　　　　　　　　　　　　>

👥 友だち　　　　　　　　　　　>

▷ LINE VOOM　　　　　　　　>

(3) 「キャッシュ」の [削除] → [削除] の順にタップします。

キャッシュ 327.4MB　　　　　削除

アプリの動作を速くするため、一時的に保存されたデータです。キャッシュを削除しても、アプリの使用に影響はありません。

すべてのトークデータ　　　　タップする

写真 1.3MB　　　　　　　　　削除

動画 69.3KB　　　　　　　　　削除

ボイスメッセージ 0KB　　　　　削除

ファイル 0KB　　　　　　　　　削除

すべてのデータを削除

写真、動画、ボイスメッセージ、ファイルなどを含むすべてのトークデータを削除します。

トーク別データ

トークごとにデータを削除　　　　　　>

トークごとのデータサイズを確認し、データを削除できま

Memo **iPhoneの場合**

iPhoneでキャッシュデータを削除する場合は、手順③の画面で「キャッシュ」の [削除] をタップします。

🔵 Androidスマートフォンでアプリを最新バージョンにする

(1) ホーム画面で[Play ストア]をタップします。

(2) 「Play ストア」が表示されるので、画面右上のプロフィールアイコンをタップします。

(3) [アプリとデバイスの管理]→[詳細を表示]の順にタップします。

(4) 「保留中のダウンロード」に「LINE」アプリが表示されている場合は、[更新]をタップします。

(5) アプリの更新が開始されます。

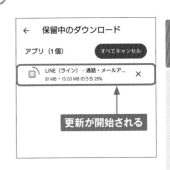

Memo Androidスマートフォンを再起動する

P.166～167の操作を行ってもLINEの動作がおかしいときは、Androidスマートフォンの再起動をします。再起動は、電源ボタンと音量を上げるボタンを長押しし、[再起動]をタップします。もしくは、[電源を切る]をタップし、そのあと電源を入れます。

🗨 iPhoneでアプリを最新バージョンにする

(1) ホーム画面で[App Store]をタップします。

(2) 「App Store」が表示されるので、画面右上のプロフィールアイコンをタップします。

(3) 下方向にスワイプして画面を更新します。「利用可能なアップデート」に「LINE」アプリが表示されている場合は、[アップデート]をタップします。

(4) アプリの更新が開始されます。

Memo iPhoneを再起動する

iPhoneの場合は、サイドボタンといずれかの音量ボタン（またはサイドボタンのみ）を押したままにし、電源オフのスライダを右方向にドラッグして電源を切り、そのあと電源を入れます。なお、iPhoneの操作が行えないときは、音量を上げるボタン→音量を下げるボタンの順に押し、サイドボタンをAppleのロゴマークが出るまで押したままにすると、強制再起動ができます。

LINEの操作が
よくわからないときは?

LINEを使っていて操作方法がわからなくなってしまったときは、「LINEみんなの使い方ガイド」を見て確認したり、公式アカウントの「LINEかんたんヘルプ」を友だちに追加して質問してみたりしましょう。

「LINEみんなの使い方ガイド」を見る

(1) Webブラウザで「https://guide.line.me/ja/」にアクセスします。

(2) 「LINEみんなの使い方ガイド」のWebページが表示されます。メニューをタップして使い方を確認できます。

「LINEかんたんヘルプ」と友だちになる

(1) Sec.84を参考に公式アカウントの「LINEかんたんヘルプ」を友だちに追加します。

(2) 「LINEかんたんヘルプ」のトークルームでメニューをタップして質問できるほか、囲をタップして使い方の質問ができます。

105 機種変更などでアカウントを引き継ぐには?

機種変更の際、LINEのアカウントを引き継いでデータを移行することができます。あらかじめ、機種変更前の端末でトーク履歴のバックアップ（Sec.111参照）やアプリのアップデート（P.167 ～ 168参照）を行っておきましょう。

💬 古い端末からアカウントを引き継ぐ

① 古い端末でP.166手順①を参考に「設定」画面を表示して、[かんたん引き継ぎQRコード]をタップし、引き継ぎ用のQRコードを表示しておきます。

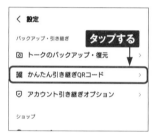

③ [QRコードをスキャン]をタップし、手順①のQRコードを読み込みます。許可画面が表示される場合は、[アプリの使用時のみ]や[許可]をタップします。

② 新しい端末で、P.10 ～ 13を参考に「LINE」アプリをインストールし、起動したら[ログイン] →[QRコードでログイン]の順にタップします。

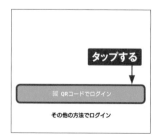

Memo クイックスタートによる引き継ぎ

iPhoneの場合、新しい端末でLINEを開き「おかえりなさい○○!」画面が表示された場合は、[本人確認する]をタップすることでクイックスタート（iPhoneのデータ移行機能）による引き継ぎを利用できます。その際、電話番号とパスワードの入力が必要なので、あらかじめ確認しておきましょう（Sec.101参照）。

④ 古い端末で［はい、スキャンしました］→［次へ］の順にタップします。

⑤ 新しい端末で「おかえりなさい、○○!」画面が表示されるので、表示された情報が自分のものか確認し、正しければ［はい、私のアカウントです］をタップします。

⑥ パスワードを入力し、●→［次へ］の順にタップします。

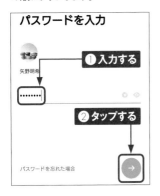

⑦ P.187手順④〜⑤を参考にバックアップしたGoogleアカウントを選択し、［トーク履歴を復元］→［次へ］の順にタップします（iPhoneの場合は、Googleアカウントの選択は必要ないので、［次へ］をタップします）。P.16手順⑨以降を参考に設定を進めると引き継ぎが完了します。

⑧ 引き継ぎが完了すると、古い端末に「利用することができません。」と表示されるので、［削除］をタップします。

Memo LINEあんぜん引き継ぎガイド

ここでは「AndroidからAndroid」「iPhoneからiPhone」への引き継ぎを前提として紹介しています。異なるOS間どうしで引き継ぐ場合は操作が変わってくるため、詳しくはLINE公式の「LINEあんぜん引き継ぎガイド」(https://guide.line.me/ja/migration/) を参照してください。

スマートフォンを紛失してしまった場合に再開するには?

スマートフォンを紛失してしまった場合、新しい端末で同じ電話番号を利用するのであれば、LINEアカウントを再開してデータを復旧することができます。その際、LINEアカウントのパスワードが必要となります。

🗨 新しい端末でアカウントを再開する

(1) 新しい端末で、P.10 ～ 13を参考に「LINE」アプリをインストールし、起動したら[ログイン] → [その他のログイン方法] → [電話番号でログイン]の順にタップします。

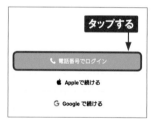

(2) [次へ] → [許可] の順にタップすると、電話番号が自動で入力されるので、●をタップします。

(3) [OK] → [許可] の順にタップします。手順②で入力した電話番号にSMSで認証番号が届き、自動で入力されて次への画面が表示されます。自動入力されない場合は手動で入力します。

(4) 表示された情報が自分のものか確認し、正しければ [はい、私のアカウントです] をタップします。

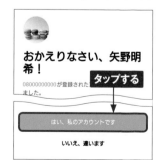

(5) パスワードを入力し、● → [次へ] の順にタップします。

パスワードを入力

矢野明希

① 入力する

....

② タップする

パスワードを忘れた場合

→

1 2 3 4 5 6 7 8 9 0
q w e r t y u i o p
a s d f g h j k l
↑ z x c v b n m ⌫

(6) P.187手順④〜⑤を参考にバックアップしたGoogleアカウントを選択し、[トーク履歴を復元]をタップします。iPhoneの場合は、[次へ]をタップします。

Googleアカウントを選択

トーク履歴がバックアップされたGoogleアカウントを選択してください **① 選択する**

yanoaki2418@gmail.com ∨

前回のバックアップ
2024.02.20 10:38

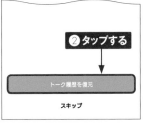

② タップする

トーク履歴を復元

スキップ

(7) P.186手順③、もしくはP.188手順③で設定したバックアップ用のPINコードを入力します。

⑦

バックアップ用のPINコードを入力

[トークのバックアップ]設定で作成した6桁の数字のPINコードを入力してください。

— — — — — —

入力する

(8) [次へ]をタップします。P.16手順⑨以降を参考に設定を進めると引き継ぎが完了します。

トーク履歴を復元しています

[次へ]をタップして、残りの引き継ぎ処理を行ってください。
＊トーク履歴の復元には数分す。 **タップする**

次へ

Memo パスワードを忘れた場合

事前にメールアドレスを登録（Sec.08参照）してあれば、手順⑤の画面で[パスワードを忘れた場合]をタップすることでパスワードを再設定することができます。新しい端末を購入するときや、突然の故障や紛失に備えてメールアドレスとパスワードは必ず設定しておきましょう。

iPadやパソコンで LINEを使うには?

iPadやパソコンでLINEを使うには、スマートフォンと同じアカウントを使用し、QRコードを使ってログインします。そのほかに、スマートフォンでの生体認証の連携や、メールアドレスとパスワードの入力でもログインできます。

iPad版LINEにログインする

(1) iPadで「LINE」アプリを起動し、[その他のログイン方法]をタップします。

(2) iPadの画面にQRコードが表示されるので、スマートフォンで「LINE」アプリを起動し、「ホーム」タブで🔲をタップしてQRコードを読み取ります。

(3) スマートフォンで[ログイン]をタップすると、iPadの画面に認証番号が表示されることがあるので、スマートフォンに入力し、[本人確認]をタップします。

(4) スマートフォンで[OK]をタップするとiPadのLINEにログインできます。

Memo iPadにLINEをインストールする

iPadでは、iPhoneと同様に「App Store」アプリから「LINE」アプリをインストールします。インストール方法はP.12〜13を参照してください。

🗨 iPad版LINEの画面の見方

❶	「ホーム」タブが表示されます。	❹	「ニュース」タブが表示されます。
❷	「トーク」タブが表示されます。	❺	「設定」タブが表示されます。
❸	「VOOM」タブが表示されます。	❻	トークルームなど、各タブで選択した内容が表示されます。

Memo LINEにログインできないときはログイン許可を確認

タブレットやパソコンでLINEにログインできないときは、ログイン許可がオフになっている可能性があります。スマートフォンのLINEの「ホーム」タブで⚙→［アカウント］の順にタップし、［ログイン許可］（iPhoneの場合は ）をタップしてオンにします。

💬 WindowsパソコンにLINEをインストールする

① パソコンでWebブラウザ（ここではGoogle Chrome）を起動し、アドレスバーに「https://line.me/ja/」と入力し、Enterを押します。

② LINEの公式サイトが表示されます。🔲→［保存］の順にクリックすると、インストーラーのダウンロードが開始されます。

③ ダウンロードが完了したら、インストーラーをクリック（エクスプローラーから起動する場合はダブルクリック）します。

④ インストーラーの言語を「日本語」に設定し、［OK］→［次へ］の順にクリックします。

(5) 利用規約をよく読み、[同意する]をクリックすると、インストールが開始されます。

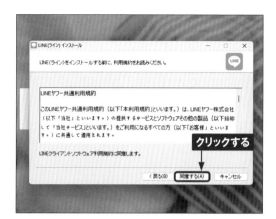

(6) インストールが完了したら[閉じる]をクリックします。

(7) LINEのログイン画面が表示されます。ログインしない場合は×をクリックします。ログインする場合は、P.178を参照してください。

177

💬 Windowsパソコン版LINEにログインする

(1) パソコンのデスクトップで「LINE」をダブルクリックして起動します。

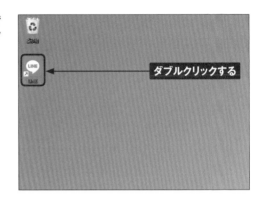

(2) パソコンの画面にQRコードが表示されるので、スマートフォンで「LINE」アプリを起動し、「ホーム」タブで🔲をタップしてQRコードを読み取ります。

(3) P.174手順③〜④を参考にパソコンとスマートフォンを操作すると、パソコンのLINEにログインできます。

⬚ Windowsパソコン版LINEの画面の見方

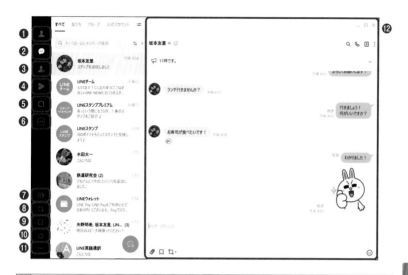

❶	「友だち」タブが表示されます。	❼	「ミーティング」画面がポップアップ表示されます。
❷	「トーク」タブが表示されます。		
❸	「友だち追加」タブが表示されます。	❽	表示している画面を切り取って保存できる「画面キャプチャ」機能を利用できます。
❹	Webブラウザで「LINE VOOM」が表示されます。		
		❾	「Keep」画面がポップアップ表示されます。
❺	Webブラウザで「LINE OPENCHAT」が表示されます。	❿	すべての通知をオフにできます。
❻	LINE公式のサービスにWebブラウザでアクセスできます。	⓫	「設定」メニューが表示されます。
		⓬	トークルームなど、各タブで選択した内容が表示されます。

Memo 「スマートフォンを使ってログイン」とは

ログイン画面にある「スマートフォンを使ってログイン」とは、スマートフォンに設定した生体情報（指紋認証や顔認証）でLINEにログインする方法のことです。あらかじめ、スマートフォンのLINEの「ホーム」タブで⚙→［アカウント］→「生体情報」の［連携する］（iPhoneの場合は［Face ID］もしくは［Touch ID］）から生体情報を連携しておく必要があります。

Section

108

通知音や着信音を変更するには?

メッセージの通知音や通話の着信音は、別の音に変更することができます。LINE MUSICかLYPプレミアム（Sec.78参照）に加入していれば、LINE MUSICの楽曲を着信音に設定することも可能です。

💬 Androidスマートフォンで通知音を変更する

1 [ホーム] をタップし、⚙をタップします。

2 [通知] をタップします。

3 [LINE通知音を端末に追加] をタップします（すでに追加されている場合はタップせずに進みます）。

Memo　LINE通知音を端末に追加

手順③の画面で [LINE通知音を端末に追加] をタップすることで、端末からLINEのオリジナル通知音を設定することができるようになります。端末からLINE通知音を削除するには、P.181手順④の画面で [LINE通知音を端末から削除] をタップします。

第9章　LINEの気になるQ&A

④ [メッセージ通知] をタップします。

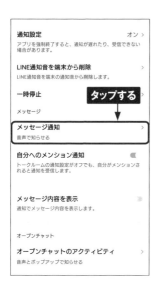

通知設定　　　　　　　　　　オン >
アプリを強制終了すると、通知が遅れたり、受信できない
場合があります。

LINE通知音を端末から削除　　　　　　>
LINE通知音を端末の通知音から削除します。

一時停止　　　　タップする　　　>
メッセージ

メッセージ通知　　　　　　　　>
音声で知らせる

自分へのメンション通知　　　　　　◖
トークルームの通知設定がオフでも、自分がメンションさ
れると通知を受信します。

メッセージ内容を表示
通知でメッセージ内容を表示します。

オープンチャット

オープンチャットのアクティビティ　>
音声とポップアップで知らせる

⑥ 設定したい通知音→ [OK] の
順にタップします。

◉ LINE - みんなでLINE♪
○ LINE - リズム
○ LINE - 口笛
○ LINE - ❶ タップする
○ LINE - 鉄琴
○ LINE - 鳥の呼び声
○ Look At Me
○ Missed It
○ Moonbeam
❷ タップする
○ Notification
○ Notification High
○ On The Hunt
○ Pixie Dust
キャンセル　OK

⑤ [音] をタップします。

メッセージ通知

通知の表示　　　　　　　　　⬤

🔔 デフォルト
スマートフォンの設定に基づき、着信音またはバ
イブレーションが有効になります

🔕 サイレント

ポップアップ　タップする
📱 デバイスのロックが解
とき、画面上部にバナーとして通知
を表示します

🔔 **音**
アプリの通知音

📳 バイブレーション　　　⬤

🔔 通知LED　　　　　　　⬤

🔲 通知ドットの表示　　　⬤

⑦ 通知音が変更されます。

LINE

メッセージ通知
LINE
新着メッセージの通知を受信します。

通知の表示　　　　　　　　　⬤

🔔 デフォルト
スマートフォンの設定に基づき、着信音またはバ
イブレーションが有効になります

🔕 サイレント

ポップアップ
📱 デバイスのロックが解除されている
とき、画面上部にバナ　変更される
を表示します

🔔 音
LINE - みんなでLINE♪

181

💬 iPhoneで通知音を変更する

1 [ホーム] をタップし、⚙をタップします。

2 [通知] をタップします。

3 [通知サウンド] をタップします。

4 設定したい通知音をタップし、＜をタップします。

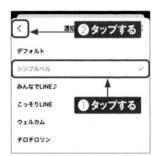

5 通知音が変更されます。

🗨 通話の着信音を変更する

1 「ホーム」タブで⚙→ ［通話］の順にタップします。

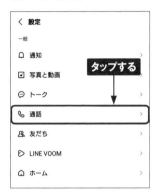

2 ［着信音］をタップします。

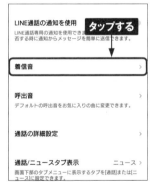

3 任意の着信音の名前をタップすると再生され、 ⬇ をタップすると着信音が変更されます。

Memo 通話の着信許可

P.183手順②の画面で［通話の着信許可］(iPhoneの場合は●)をタップしてオフにすると、すべての通話を着信拒否にできます。

Memo LINE MUSICの着信音・呼出音

LINE MUSICのプラン登録（https://music.line.me/about/）、もしくはLYPプレミアム（Sec.78参照）への加入を行っている場合、P.183手順③の画面で［LINE着うたで着信音を設定］をタップすると、LINE MUSICに登録されている楽曲を着信音や呼出音に登録できます。なお、呼出音とは、かけてきた相手が呼び出し中に聞こえる音のことです。

不要な通知を止めるには?

LINEからの通知が多く、対応に困った場合は、通知をオフにしましょう。ここでは、「設定」画面から通知の設定項目を確認してオフにする方法を紹介します。特定の友だちからの通知をオフにしたいときは、Sec.33を参照してください。

💬 不要な通知をオフにする

① 「ホーム」タブで⚙→［通知］の順にタップします。

② 通知を止めたい項目（ここでは［メッセージ通知］）をタップします。

③ 「通知の表示」の●をタップして●にすると、通知がオフになります。

Memo iPhoneで不要な通知をオフにする

iPhoneの場合は、手順②以降の画面で通知を止めたい項目の●をタップすると、通知がオフになります。

110

写真や動画が撮影／送信できないときは?

写真や動画を撮影もしくは送信できない場合は、スマートフォン本体のプライバシー設定に原因があると考えられます。ここでは、プライバシー設定を確認して変更する方法を紹介します。

プライバシー設定を確認する

1 スマートフォンの「設定」アプリで [プライバシー] → [権限マネージャー]（iPhoneの場合は [プライバシーとセキュリティ]）の順にタップします。

2 [カメラ] をタップします。

3 [LINE] → [アプリの使用中のみ許可]（iPhoneの場合は ）の順にタップして有効にすると、カメラ機能の使用が許可されます。写真や動画の送信ができない場合は、手順②の画面で [写真と動画]（iPhoneの場合は [写真]）をタップし、[LINE] → [許可する]（iPhoneの場合は [LINE] → [フルアクセス]）の順にタップして有効にします。

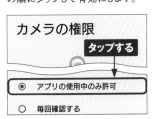

Memo マイクが使えない場合

マイクが使えない場合は、手順②の画面で [マイク] をタップし、[LINE] → [アプリの使用中のみ許可]（iPhoneの場合は ）の順にタップして有効します。

トークの履歴を バックアップするには?

新しいスマートフォンに機種変更するときや、データが消えてしまったときなど、もしものときにトーク内容が消えてしまわないように定期的にバックアップしましょう。バックアップしたデータはアカウント引き継ぎ時などインストールしたときに復元されます。

💬 Androidスマートフォンでトーク履歴をバックアップする

① 「ホーム」タブで ⚙ →[トークのバックアップ・復元]の順にタップします。

② 初回は[今すぐバックアップ]をタップします。

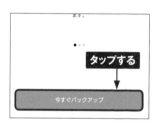

③ バックアップ用のPINコードを6桁の数字で入力し、● をタップします。

Memo バックアップの注意点

トーク履歴のバックアップは、AndroidスマートフォンではGoogle ドライブに、iPhoneではiCloudに保存されます。それぞれ十分な空き容量が必要です。また、バックアップされるのはテキストのみで、写真や動画、ファイルはバックアップされません。

④ [アカウントを選択] をタップします。

⑤ トーク履歴をバックアップするGoogleアカウントをタップして選択し、[OK] → [許可] の順にタップします。

⑥ [バックアップを開始] をタップするとトーク履歴のバックアップが開始されます。

⑦ 「アカウントの引き継ぎを行いますか?」画面が表示されるので [閉じる] をタップします。

⑧ トーク履歴のバックアップが終了し、バックアップした日時が表示されます。2回目以降は、この画面で [今すぐバックアップ] をタップします。

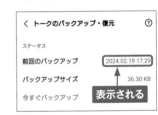

Memo トーク履歴の 自動バックアップ

トーク履歴を自動でバックアップしたいときは、手順⑧の画面で [バックアップ頻度] → [自動バックアップ] の順にタップしてオンにします。

💬 iPhoneでトーク履歴をバックアップする

（1）「ホーム」タブで ⚙ → [トークのバックアップ] の順にタップします。

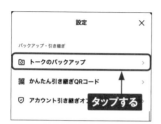

（2）初回は[今すぐバックアップ]をタップします。

（3）バックアップ用のPINコードを6桁の数字で入力し、●をタップするとトーク履歴のバックアップが開始されます。

（4）「アカウントの引き継ぎを行いますか？」画面が表示されるので [閉じる] をタップします。

（5）トーク履歴のバックアップが終了し、バックアップした日時が表示されます。2回目以降は、この画面で [今すぐバックアップ] をタップします。

Memo バックアップ頻度

手順⑤の画面で [バックアップ頻度] をタップすると、自動バックアップの頻度を設定できます。

112

LINEのアカウントを削除するには?

端末から「LINE」アプリをアンインストールしただけではアカウントは削除されず、LINEにはアカウント情報が残ったままとなります。LINEをやめたい場合は、先にアカウントを削除してから、アプリをアンインストールします。

💬 LINEのアカウントを削除する

(1) 「ホーム」タブで⚙→[アカウント]の順にタップします。

account center
LINEとYahoo! JAPANのアカウント連携や連携解除、プロフィール情報の管理などが行 **タップする**

個人情報

田　アカウント　　　　　　　　　　>

🔒　プライバシー管理　　　　　　　　>

Ⓡ　年齢確認　　　　　　　　　　　>

🗋　Keep　　　　　　　　　　　　>

(2) 画面を上方向にスワイプし、[アカウント削除]→[次へ]の順にタップします。

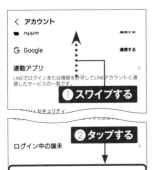

< アカウント

● Apple

G Google　　　　　　　　　　連携する

連動アプリ
LINEでログインまたは権限を許可してLINEアカウントと連携したサービスの一覧です。 **①スワイプする**

②タップする

ログイン中の端末　　　　　　　　　>

アカウント削除

(3) 「保有アイテム」「連動アプリ」「注意事項」の各内容を確認し、チェックボックスをタップしてチェックを付け、[アカウント削除](iPhoneの場合は[アカウントを削除])→[削除]の順にタップすると、LINEのアカウントが削除されます。その後、アプリをアンインストールします。

①タップする ント削除

○　すべてのアイテムが削除されることを理解しました。

連動アプリ

LINE Pay **LINE Pay Digital ID**
連動日時 2024/2/14 15:37

LINEアカウントを削除すると、連動アプリとそのアプリで購入したアイテムを使用できなくなります。

✓　連動アプリとそのアプリで購入したアイテムが使用できなくなることを理解しました。

✓　LINEアカウントのすべてのデータが削除されることを理解し、アカウントの削除に同意します。

LINEとYahoo! JAPAN　　　　　　　　　　　は、LINEアカウントを削除 **②タップする**　されることを理解し、アカウントの削除に同意します。

✓　なお、アカウント連携に伴うデータ連携は停止されますが、氏名・住所などの登録情報を含む停止前に連携済みのデータは、連携先で引き続き利用される可能性があります。

アカウント削除

可能性があります。

索引

■ お問い合わせについて

本書に関するご質問については、本書に記載されている内容に関するもののみとさせていただきます。本書の内容と関係のないご質問につきましては、一切お答えできませんので、あらかじめご了承ください。また、電話でのご質問は受け付けておりませんので、必ずFAXか書面にて下記までお送りください。
なお、ご質問の際には、必ず以下の項目を明記していただきますようお願いいたします。

1 お名前
2 返信先の住所またはFAX番号
3 書名
　（ゼロからはじめる　LINE ライン 基本＆便利技 [改訂新版]）
4 本書の該当ページ
5 ご使用の端末
6 ご質問内容

なお、お送りいただいたご質問には、できる限り迅速にお答えできるよう努力いたしておりますが、場合によってはお答えするまでに時間がかかることがあります。また、回答の期日をご指定なさっても、ご希望にお応えできるとは限りません。あらかじめご了承くださいますよう、お願いいたします。ご質問の際に記載いただきました個人情報は、回答後速やかに破棄させていただきます。

■ お問い合わせの例

FAX

1 お名前
技術　太郎

2 返信先の住所またはFAX番号
03-XXXX-XXXX

3 書名
ゼロからはじめる
LINE ライン
基本＆便利技 [改訂新版]

4 本書の該当ページ
40 ページ

5 ご使用の端末
Android 13

6 ご質問内容
手順3の画面が表示されない

■ お問い合わせ先

〒 162-0846
東京都新宿区市谷左内町 21-13
株式会社技術評論社　書籍編集部
「ゼロからはじめる　LINE ライン 基本＆便利技 [改訂新版]」質問係
FAX 番号　03-3513-6167
URL：https://book.gihyo.jp/116

ゼロからはじめる LINE ライン 基本＆便利技 [改訂新版]

2021年　5月 26日　初 版　第1刷発行
2024年　5月　9日　第2版　第1刷発行
2024年 10月　9日　第2版　第2刷発行

著者	リンクアップ
発行者	片岡　巌
発行所	株式会社 技術評論社
	東京都新宿区市谷左内町 21-13
電話	03-3513-6150　販売促進部
	03-3513-6160　書籍編集部
装丁	菊池　祐（ライラック）
本文デザイン・編集・DTP	リンクアップ
担当	田中　秀春
製本／印刷	TOPPAN クロレ株式会社

定価はカバーに表示してあります。

ISBN978-4-297-14103-5 C3055

Printed in Japan